高等院校计算机应用系列教材

Python语言程序设计入门

焉德军　编著

清华大学出版社

北　京

内 容 简 介

本书以全国计算机等级考试二级 Python 语言程序设计考试大纲为指导，围绕 Python 语言的基础语法和数据结构组织编排讲授内容。全书共分 8 章，包括 Python 概述、Python 语言基础、Python 程序的控制结构、函数、组合数据类型、文件和数据格式化及模块、包与库的使用等内容，最后介绍了图形用户界面设计。

本书还结合教学内容，合理地设计了一些课程思政案例，如社会主义核心价值观知识问答程序，为更好地开展课程思政提供了便利条件。

本书实例丰富，注重利用 Python 解决实际问题能力的培养，与《Python 语言程序设计入门实验指导》一起构成了一套完整的教学用书，可作为高等学校的教学参考书，也可作为报考全国计算机等级考试(NCRE)人员的参考资料。

本书配套的电子课件、实例源文件和习题答案可以到 http://www.tupwk.com.cn/downpage 网站下载，也可以扫描前言中的二维码下载。

图书在版编目(CIP)数据

Python 语言程序设计入门 / 焉德军编著. 一北京：清华大学出版社，2021.7（2021.9重印）
高等院校计算机应用系列教材
ISBN 978-7-302-58548-0

Ⅰ. ①P… Ⅱ. ①焉… Ⅲ. ①软件工具—程序设计—高等学校—教材 Ⅳ. ①TP311.561

中国版本图书馆 CIP 数据核字(2021)第 132311 号

责任编辑：胡辰浩
封面设计：高娟妮
版式设计：孔祥峰
责任校对：成凤进
责任印制：刘海龙

出版发行：清华大学出版社
网　址：http://www.tup.com.cn，http://www.wqbook.com
地　址：北京清华大学学研大厦 A 座　　邮　编：100084
社 总 机：010-62770175　　邮　购：010-62786544
投稿与读者服务：010-62776969，c-service@tup.tsinghua.edu.cn
质 量 反 馈：010-62772015，zhiliang@tup.tsinghua.edu.cn
印 装 者：天津鑫丰华印务有限公司
经　销：全国新华书店
开　本：185mm×260mm　　印　张：13.5　　字　数：345 千字
版　次：2021 年 8 月第 1 版　　印　次：2021 年 9 月第 2 次印刷
定　价：66.00 元

产品编号：091320-01

前　言

Python 语言诞生于 20 世纪 90 年代，是一种跨平台、开源、面向对象、解释型、动态数据类型的高级计算机程序设计语言，在 Web 开发、科学计算、人工智能、大数据分析和系统运维等领域得到广泛应用，深受人们的青睐。不论你是计算机类专业的学生，还是非计算机类专业的学生，也不论你是否有一定的编程基础，如果你想学习 Python 语言，我们相信这都是一套比较好的入门教材。

随着计算机基础教育形式的革新，2018 年，大连民族大学计算机基础实验教学中心成立了 Python 语言课组，课组成员有焉德军、李宏岩、郑江超、隋励丽、杨为明、若曼、郑智强、王铎等多名老师。从课组成立开始，课组成员多次组织集体备课，进行 Python 语言程序设计集中学习，并多次参加各类 Python 语言程序设计相关的培训班：2019 年 4 月，Python 语言课组的五名教师，参加了在长沙举办的第三届全国高校 Python 语言与计算生态教学研讨会；2019 年 7 月，Python 语言课组全体成员参加了在南开大学举办的 Python 语言教学培训班；2019 年 8 月，Python 语言课组的两名教师，参加了全国高校大数据联盟举办的 Python 编程及大数据分析教师研修班；2020 年 1 月，Python 语言课组的两名教师，参加了北京雷课教育举办的 Python 人工智能及大数据分析研修班；2020 年 1 月，Python 语言课组全体成员参加了由东华大学举办的 Python 语言与大数据培训。经过一系列的培训和学习以及课组成员间的交流研讨，我们对于有关 Python 语言课程的教学内容、教学方法、教学手段等方面有了深刻了解，增强了在全校大范围开设 Python 语言程序设计课程的信心。2019 年秋季学期，计算机基础实验教学中心停开了已经开设多年的 VB 程序设计课程和 Access 数据库课程，在全校 5 个学院 21 个专业开设了 Python 语言程序设计课程。

经过两年的学习和教学实践，Python 语言课组积累了丰富的经验，着手编写适合高校非计算机专业学生学习的教材《Python 语言程序设计入门》和实验教程《Python 语言程序设计入门实验指导》。《Python 语言程序设计入门》以全国计算机等级考试二级 Python 语言程序设计考试大纲为指导，围绕 Python 的基础语法和数据结构组织编排讲授内容，包含 Python 概述、Python 语言基础、Python 程序的控制结构、函数、组合数据类型、文件和数据格式化及模块、包与库的使用，此外还涉及图形用户界面设计等内容。《Python 语言程序设计入门实验指导》则包含 4 部分内容：与主教材内容相关的 14 个实验项目；《Python 语言程序设计入门》习题解答；Python 语言的二级等级考试大纲和模拟题；网络爬虫、数据分析、数据可视化等项目实训。

为了更好地开展线上线下混合模式教学，结合教材，我们录制了 44 个 MOOC 教学视频，总时长 630 分钟，在中国大学 MOOC 的 SPOC 学校专有课程(大连民族大学)上线(http://www.icourse163.org/course/preview/DLNU-1461020176?tid=1461806466)。同时，基于“百科园通用考试平台”，我们构建了 Python 语言程序设计题库，为实施过程化考核和形成性评价奠定了扎实基础。

为了更好地开展课程思政，结合教学内容，我们合理地设计了一些课程思政案例，如鸿蒙操作系统、社会主义核心价值观知识问答程序、习近平总书记在庆祝中华人民共和国成立 70 周年大会上的讲话词频分析、《中共中央关于坚持和完善中国特色社会主义制度、推进国家治理体系和治理能力现代化若干重大问题的决定》词云图、绘制五星红旗等，所有这些课程思政案例，与教学内容紧密结合，不突兀，不牵强，因势利导、顺势而为地自然融入，起到润物无声、潜移默化的效果。在潜移默化中，让学生增长知识，坚定学生的理想信念，激发学生的爱国热情，培养学生具有民族自信心和维护国家利益的责任感，唤醒学生“为中华之崛起而读书”的原动力。

本套教材以程序设计初学者为对象，由浅入深、循序渐进地讲述 Python 语言的基本概念、基本语法和数据结构等基础知识，包括 Python 语言开发环境的安装、变量与数据类型、程序控制结构、函数和模块、文件、Python 标准库和第三方库应用等。

通过学习本套教材，可以让程序设计初学者快速掌握程序设计的基本思想和一般方法，达到如下目标。

- 知识传授目标：使学生掌握 Python 语言的数据类型、基本控制结构、函数设计以及部分标准库和扩展库的使用；理解文件的基本处理方法；了解当下热门领域的 Python 扩展库的使用方法。
- 能力培养目标：培养学生分析问题、解决问题的能力，培养学生的计算思维和信息素养，使学生掌握程序设计方法，具备利用 Python 语言编程解决实际问题的能力。
- 价值塑造目标：将科技创新、爱国主义精神等思政元素融入教学，着眼于学生道德素养的熏陶濡染，培养学生一丝不苟、严谨认真、求真务实的工作态度和工匠精神，为学生学习后续课程、参加工作和开展科学研究打下良好基础。

在本套教材的编写过程中，我们参阅了很多 Python 语言方面的图书资料和网络资源，借鉴和吸收了其中的很多宝贵经验，在此向这些作者表示衷心的感谢。由于编者水平有限，书中难免有疏漏之处，敬请各位同行和读者批评指正，在此表示感谢。我们的邮箱是 992116@qq.com，电话是 010-62796045。

本书配套的电子课件、实例源文件和习题答案可以到 http://www.tupwk.com.cn/downpage 网站下载，也可以扫描下方的二维码下载。

作者

2021 年 4 月

目 录

第1章 Python概述

Python 诞生于 20 世纪 90 年代，是一种跨平台的、开源的、面向对象的、解释型的、动态数据类型的高级计算机程序设计语言，在 Web 开发、科学计算、人工智能、大数据分析和系统运维等领域得到广泛应用，深受人们的青睐。本章将从计算机系统简介开始，让读者初步认识计算机程序和计算机中的信息表示，了解 Python 程序的开发环境，并理解 Python 程序的执行过程。

1.1 计算机系统简介

1.1.1 计算机系统的组成

完整的计算机系统包括硬件系统和软件系统两部分，如图 1-1 所示。组成一台计算机的物理设备的总称就是计算机硬件系统，这是实实在在的物体，是计算机工作的基础。指挥计算机工作的各种程序的集合称为计算机软件系统，这是计算机的灵魂，是控制和操作计算机工作的核心。计算机通过执行程序而运行，计算机在工作时需要软硬件协同工作，二者缺一不可。

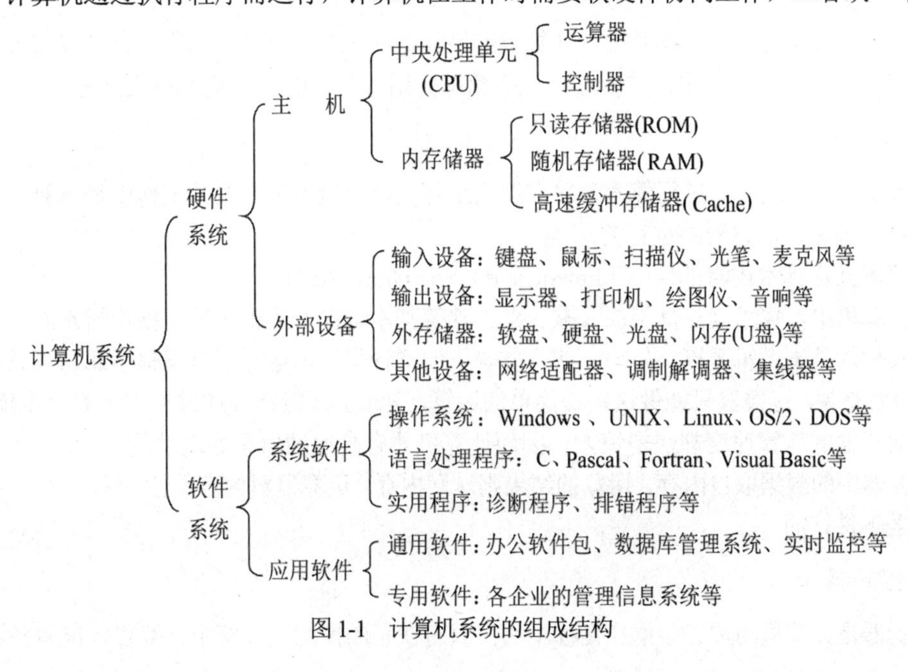

图 1-1 计算机系统的组成结构

1.1.2 计算机硬件系统

计算机硬件(Computer Hardware)又称硬件平台，是指计算机系统所包含的各种机械的、电子的、磁性的装置和设备，如运算器、磁盘、键盘、显示器和打印机等。每个功能部件各尽其职、协调工作，缺少其中任何一个就不能成为完整的计算机系统。

计算机能够处理存储的数据。可以说，存储和处理是一个整体：存储是为了处理，处理需要存储。“存储和处理的整体性”的最初表达是美国普林斯顿大学的冯•诺依曼于1945年提出的计算机体系结构思想，一般称为“程序存储思想”。计算机从1946年问世至今都是以这种思想为基本依据的，主要特点可归结为以下3点。

(1) 计算机由5部分组成：运算器、控制器、存储器、输入设备和输出设备。

(2) 程序和数据存放在存储器中并按地址寻访。

(3) 程序和数据用二进制表示，与十进制相比，实现二进制运算的结构简单，容易控制。

如今，半个多世纪过去了，计算机的系统结构发生了很大改变，但就结构原理来说，仍然是冯•诺依曼型计算机，结构如图1-2所示，图中的实线为数据流，虚线为控制流。

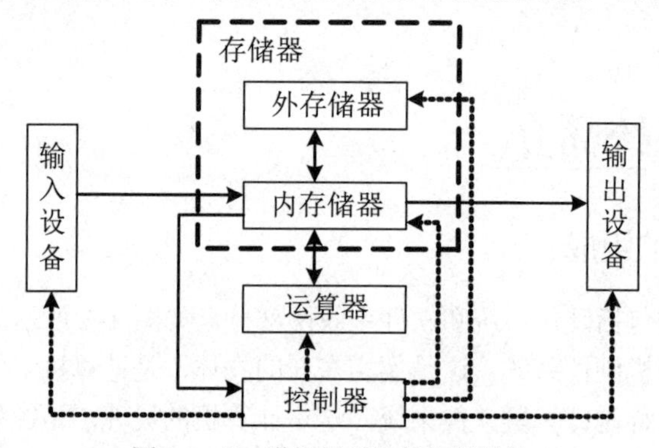

图1-2　冯•诺依曼型计算机的结构

硬件是计算机工作的物质基础，计算机的性能，如运算速度、存储容量、计算精度、可靠性等在很大程度上取决于硬件的配置。下面简单介绍计算机的5个基本组成部分。

1. 运算器

运算器的主要功能是进行算术运算和逻辑运算。计算机中最主要的工作就是运算，大量的数据运算任务是在运算器中进行的。

运算器又称算术逻辑部件(Arithmetic and Logic Unit，ALU)。

在计算机中，算术运算是指加、减、乘、除等基本运算。逻辑运算是指逻辑判断、关系比较以及其他的基本逻辑运算，如与、或、非等。但不管是算术运算还是逻辑运算，都只是基本运算。也就是说，运算器只能做这些最简单的运算，复杂的运算都要通过基本运算一步步实现。然而，运算器的运算速度却快得惊人，因而计算机才有高速的信息处理功能。

运算器中的数据取自内存，运算的结果则送回内存。运算器对内存的读/写操作是在控制器的控制之下进行的。

2. 控制器

控制器是计算机的神经中枢和指挥中心，只有在它的控制之下整个计算机才能有条不紊地工作，自动执行程序。控制器的功能是依次从存储器取出指令、翻译指令、分析指令，向其他部件发出控制信号，指挥计算机各部件协同工作。

运算器和控制器合称中央处理单元(Central Processing Unit，CPU)。

3. 存储器

存储器的主要功能是存放程序和数据。使用时，可以从存储器中取出信息，不破坏原有的内容，这种操作称为存储器的读操作；也可以把信息写入存储器，原来的内容被抹掉，这种操作称为存储器的写操作。

存储器分为程序存储区、数据存储区和栈。程序存储区存放程序中的指令，数据存储区存放数据。CPU 通过地址总线发出相应的地址，找到存储器中与该地址对应的存储单元，然后通过数据总线操作存储单元中的数据。

存储器通常分为内存储器和外存储器。

1) 内存储器

内存储器简称内存(又称主存)，是计算机中信息交流的中心。用户通过输入设备输入的程序和数据最初被送入内存，控制器执行的指令和运算器处理的数据取自内存，运算的中间结果和最终结果保存在内存中，输出设备输出的信息来自内存，内存中的信息如要长期保存，则应送到外存储器中。总之，内存要与计算机的各个部件打交道，进行数据交换。因此，内存的存取速度直接影响计算机的运算速度。

2) 外存储器

外存储器设置在主机外部，简称外存(又称辅存)，主要用来长期存放暂时不用的程序和数据。通常外存不和计算机的其他部件直接交换数据，只和内存交换数据，而且不是按单个数据进行存取，而是成批地进行数据交换。常用的外存有磁盘、磁带和光盘等。由于外存储器安装在主机外部，因此也可以归为外部设备。

4. 输入设备

输入设备用来接收用户输入的原始数据和程序，并将它们转变为计算机可以识别的形式(二进制代码)，而后存放到内存中。常用的输入设备有键盘、鼠标、扫描仪、光笔、数字化仪和麦克风等。

5. 输出设备

输出设备用于将存放在内存中的由计算机处理的结果转变为人们所能接受的形式。常用的输出设备有显示器、打印机、绘图仪和音响等。

1.1.3　计算机软件系统

计算机软件(Computer Software)是相对于计算机硬件而言的，包括计算机运行所需的各种程序、数据以及有关的技术文档资料。只有硬件而没有任何软件支持的计算机称为裸机。在裸机上只能运行机器语言程序，使用很不方便，效率也低。硬件是软件赖以运行的物质基础，软件是计算机的灵魂，是发挥计算机功能的关键。

计算机软件通常可分为系统软件和应用软件两大类。用户与计算机系统各层次之间的关系如图 1-3 所示。

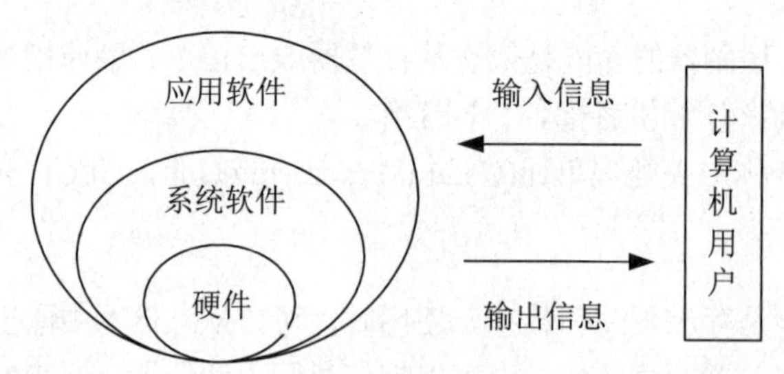

图 1-3　用户与计算机系统各层次之间的关系

1. 系统软件

系统软件是管理、监控和维护计算机资源的软件，用来扩大计算机的功能，提高计算机的工作效率，方便用户使用计算机的软件。系统软件包括操作系统、程序设计语言、语言处理程序、数据库管理程序、系统服务程序等。

1) 操作系统

在计算机软件中，最重要且最基本的就是操作系统(Operating System，OS)。操作系统是最底层的软件，控制所有在计算机上运行的程序并管理整个计算机的资源，在裸机与应用程序及用户之间架起了一座沟通的桥梁。没有操作系统，用户就无法自如地应用各种软件或程序。

目前常见的操作系统有 Windows、UNIX、Linux、Android、macOS、iOS、Blackberry OS 和 HongMeng(鸿蒙)等。

2) 程序设计语言

程序设计的基本方法称为 IPO：用户编写程序，输入(Input)计算机；然后由计算机将其翻译成机器语言并在计算机上运行(Process)；最后输出(Output)结果。计算机语言大致分为机器语言、汇编语言和高级语言。

机器语言：机器语言是以二进制代码表示的指令集合，是计算机能直接识别和执行的计算机语言。优点是执行效率高、速度快；但直观性差，可读性不强，因而给计算机的推广和使用带来了极大的困难。

汇编语言：汇编语言是符号化的机器语言，这种语言使用助记符来表示指令中的操作码和操作数的指令系统。汇编语言相比机器语言前进了一步，助记符比较容易记忆，可读性也好，但编制程序的效率不高、难度较大、维护较困难，属于低级语言。

高级语言：高级语言是接近人类自然语言和数学语言的计算机语言，是第三代计算机语言。高级语言的特点就是与计算机的指令系统无关，因而从根本上摆脱了对机器的依赖，使之独立于机器，面向过程，进而面向用户。由于易学易记，便于书写和维护，高级语言提高了程序设计的效率和可靠性。目前广泛使用的高级语言有 C、C++、Java、JavaScript、PHP、HTML、Perl、Go、LISP 和 Python 等。

3) 语言处理程序

将计算机不能直接执行的使用非机器语言编写的程序翻译成能直接执行的机器语言的翻译程序称为语言处理程序。

使用各种程序设计语言编写的程序称为源程序，计算机不能直接识别和执行源程序。把计算机本身不能直接读懂的源程序翻译成机器能够识别的机器指令代码后，计算机才能执行，这种翻译后的程序称为目标程序。

计算机将源程序翻译成机器指令的方法有两种：编译方式和解释方式。编译方式与解释方式的工作过程如图 1-4 所示。

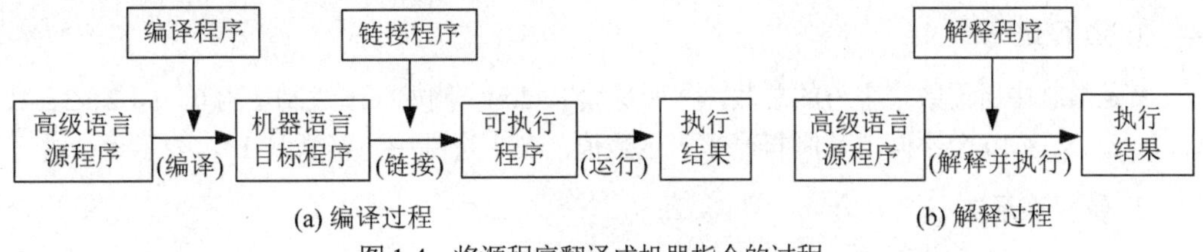

(a) 编译过程　　(b) 解释过程

图 1-4　将源程序翻译成机器指令的过程

由图 1-4 可以看出，编译方式会使用相应的编译程序把源程序翻译成机器语言的目标程序，然后链接成可执行程序，运行可执行程序后得到结果。目标程序和可执行程序都以文件方式存放在磁盘上，再次运行程序时，只需要直接运行可执行程序，而不必重新编译和链接。

解释方式则把源程序输入计算机，然后使用相应语言的解释程序对代码进行逐条解释、逐条执行，执行后只能得到结果，而不能保存解释后的机器代码，下次运行程序时需要重新解释并执行。

4) 数据库管理系统

数据库管理系统是能够对数据进行加工、管理的系统软件。常见的数据库管理系统有 MySQL、DB2、Oracle、Access 和 SQL Server 等。

5) 系统辅助处理程序

系统辅助处理程序又称“软件研制开发工具”“支持软件”或“工具软件”，主要有编辑程序、调试程序、装配和连接程序以及测试程序等。

2. 应用软件

应用软件是用户利用计算机及系统软件，为解决实际问题而开发的软件的总称。应用软件一般分为两大类：通用软件和专用软件。

通用软件支持最基本的应用，如文字处理软件(Word)、表格处理软件(Excel)等。

专用软件是专门为某一专业领域开发的软件，如财务管理系统、计算机辅助设计(CAD)软件和仅限于某个部门使用的应用数据库管理系统等。

1.2 数制与编码

在计算机系统中，数字和符号都是使用电子元件的不同状态来表示的。根据计算机的这一特点，我们提出这样的问题：数值在计算机中是如何表示和运算的？这就是本节将要讨论的“数制”问题。

1.2.1 数制的基本概念

通过一组固定的数字(数码符号)和一套统一的规则来表示数值的方法称为数制。数制的种类很多，除了我们熟悉的十进制之外，还有二十四进制(24 小时为一天)、六十进制(60 秒为 1 分钟、60 分钟为 1 小时)、二进制(手套、筷子等两只/支为一双)等。

计算机系统采用二进制的主要原因是电路设计简单、运算简单、工作可靠且逻辑性强。

不论是哪一种数制，它们的计数和运算都有一些共同的规律和特点。

1. 逢 R 进一

R 是数制中所需数字字符的总数，称为基数(Radix)。例如，十进制使用 0、1、2、3、4、5、6、7、8、9 这 10 个不同的数制符号来表示数值。在十进制中，基数是 10，表示逢十进一。

2. 位权表示法

位权(简称权)是指一个数字在某个位置上所代表的值，处在不同位置的数字所代表的值不同，每个数字的位置决定了这个数字的值或位权。例如，在十进制数 586 中，5 的位权是 100(即 10^2)。

位权与基数的关系是：位权的值是基数的若干次幂。因此，使用任何一种数制表示的数都可以写成按位权展开的多项式之和。例如，十进制数 256.07 可以用如下形式表示：

$$(256.07)_{10} = 2\times10^2 + 5\times10^1 + 6\times10^0 + 0\times10^{-1} + 7\times10^{-2}$$

位权表示法的原则是数字的总数等于基数，每个数字都要乘以基数的幂次，幂次是由每个数字所在的位置所决定的。排列方式是以小数点为界，整数自右向左依次为 0 次方、1 次方、2 次方，以此类推；小数自左向右依次为负 1 次方、负 2 次方，以此类推。

1.2.2 常用的数制

在使用计算机解决实际问题的过程中，我们往往使用的是十进制数，而计算机内部使用的是二进制数。另外，在计算机应用中又经常需要使用十六进制数或八进制数，二进制数因为与十六进制数和八进制数正好有倍数关系，如 2^3 等于 8、2^4 等于 16，所以十分便于在计算机应用中进行表示。

1. 十进制数(Decimal)

按“逢十进一”的原则进行计数，称为十进制数，每一位计满 10 时向高位进 1。对于任意的十进制数，都可以使用小数点分成整数部分和小数部分。

十进制数的特点是：数字的个数等于基数 10，逢十进一，借一当十；最大数字是 9，最小数字是 0，有 10 个数制符号——0、1、2、3、4、5、6、7、8、9；在具体表示时，每个数字都要乘以基数 10 的幂次。

2. 二进制数(Binary)

按“逢二进一”的原则进行计数，称为二进制数，每一位计满 2 时向高位进 1。

二进制数的特点是：数字的个数等于基数 2；最大数字是 1，最小数字是 0，只有两个数制符号——0 和 1；在数值的表示中，每个数字都要乘以 2 的幂次，这就是每一位的位权。第一位的位权是 2^0，第二位的位权是 2^1，第三位的位权是 2^2，以此类推。

例如，二进制数 1101.11 可以表示为：

$$(1101.11)_2 = 1\times2^3 + 1\times2^2 + 0\times2^1 + 1\times2^0 + 1\times2^{-1} + 1\times2^{-2} = (13.75)_{10}$$

二进制的算术运算与十进制类似，操作简单、直观，更容易实现。

3．八进制数(Octal)

八进制数的进位规则是“逢八进一”，基数 R=8，采用的数制符号是 0、1、2、3、4、5、6、7，每一位的位权是 8 的幂次。例如，八进制数 376.4 可表示为：

$$
\begin{aligned}
(376.4)_8 &= 3\times8^2+7\times8^1+6\times8^0+4\times8^{-1} \\
&= 3\times64+7\times8+6+0.5=(254.5)_{10}
\end{aligned}
$$

4．十六进制数(Hexadecimal)

十六进制数的进位规则是“逢十六进一”，基数 R=16，采用的数制符号为 0、1~9、A、B、C、D、E、F，其中 A～F 分别代表十进制中的 10～15，每一位的位权是 16 的幂次。例如，十六进制数 3AB.11 可表示为：

$$
(3AB.11)_{16}=3\times16^2+10\times16^1+11\times16^0+1\times16^{-1}+1\times16^{-2}\approx(939.0664)_{10}
$$

5．常用数制的对应关系

常用数制的对应关系如表 1-1 所示。

表 1-1　常用数制的对应关系

十进制	二进制	八进制	十六进制
0	0	0	0
1	1	1	1
2	10	2	2
3	11	3	3
4	100	4	4
5	101	5	5
6	110	6	6
7	111	7	7
8	1000	10	8
9	1001	11	9
10	1010	12	A
11	1011	13	B
12	1100	14	C
13	1101	15	D
14	1110	16	E
15	1111	17	F
16	10000	20	10

1.2.3　数制间的转换

将数由一种数制转换成另一种数制称为数制间的转换。由于计算机采用二进制，而日常生活中人们习惯使用十进制，所以计算机在进行数据处理时就必须把输入的十进制数换算成计算机所能接收的二进制数，计算机运行结束后，再把二进制数换算成人们习惯的十进制数并输出。这两个换算过程完全由计算机系统自动完成。

1．二进制数与十进制数之间的转换

1) 将二进制数转换成十进制数

将二进制数转换成十进制数的方法前面已经讲过了，只需要将二进制数按位权展开，然后将各项数值按十进制数相加，便可得到等值的十进制数。例如：

$$(10110.11)_2 = 1\times 2^4 + 1\times 2^2 + 1\times 2^1 + 1\times 2^{-1} + 1\times 2^{-2} = (22.75)_{10}$$

同理，为了将任意进制数转换为十进制数，只需要将数$(N)_R$写成按位权展开的多项式，然后按十进制规则进行运算，便可求得相应的十进制数$(N)_{10}$。

2) 将十进制数转换成二进制数

在将十进制数转换成二进制数时，需要对整数部分和小数部分分别进行转换。

(1) 整数转换。

整数转换采用除 2 取余法。例如，将$(57)_{10}$转换为二进制数，用除 2 取余法得：

$$\begin{array}{r|r l}
2 & 57 & \qquad \text{余数} \\ \hline
2 & 28 & \cdots\cdots\cdots 1 = a_0 \\ \hline
2 & 14 & \cdots\cdots\cdots 0 = a_1 \\ \hline
2 & 7 & \cdots\cdots\cdots 0 = a_2 \\ \hline
2 & 3 & \cdots\cdots\cdots 1 = a_3 \\ \hline
2 & 1 & \cdots\cdots\cdots 1 = a_4 \\ \hline
 & 0 & \cdots\cdots\cdots 1 = a_5
\end{array}$$

结果：$(57)_{10} = (111001)_2$

(2) 小数转换。

小数转换采用乘 2 取整法。例如，将$(0.834)_{10}$转换成二进制数，用乘 2 取整法得：

$$\begin{array}{r l}
0.834 & \\
\times \quad 2 & \qquad \text{整数} \\ \hline
1.668 & \cdots\cdots\cdots 1 = a_{-1} \\
0.668 & \\
\times \quad 2 & \\ \hline
1.336 & \cdots\cdots\cdots 1 = a_{-2} \\
0.336 & \\
\times \quad 2 & \\ \hline
0.672 & \cdots\cdots\cdots 0 = a_{-3} \\
\times \quad 2 & \\ \hline
1.344 & \cdots\cdots\cdots 1 = a_{-4}
\end{array}$$

结果：$(0.834)_{10} \approx (0.1101)_2$

在对小数部分乘 2 取整的过程中，不一定能使最后的乘积为 0，因此存在转换误差。通常，当二进制数的精度已经达到预定的要求时，运算便可结束。

在将带有整数和小数的十进制数转换成二进制数时，必须对整数部分和小数部分分别按除 2 取余法和乘 2 取整法进行转换，之后再将两者的转换结果合并起来即可。

同理，要将十进制数转换成任意的 *R* 进制数$(N)_R$，整数转换可采用除 *R* 取余法，小数转换可采用乘 *R* 取整法。

2．二进制数与八进制数、十六进制数之间的转换

八进制数和十六进制数的基数分别为 $8=2^3$、$16=2^4$，所以三位的二进制数恰好相当于一位的八进制数，四位的二进制数则相当于一位的十六进制数，它们之间的相互转换是很方便的。

将二进制数转换成八进制数的方法是：从小数点开始，分别向左、向右将二进制数按每三位一组的形式进行分组(不足三位的补 0)，然后写出与每一组二进制数等值的八进制数。

例如，将二进制数 100110110111.00101 转换成八进制数，结果是：

$$(100110110111.00101)_2=(4667.12)_8$$

将八进制数转换成二进制数的方法恰好与将二进制数转换成八进制数相反：从小数点开始，分别向左、向右将八进制数的每一位数字转换成三位的二进制数即可。

将二进制数转换成十六进制数的方法和二进制数与八进制数之间的转换方法相似，从小数点开始，分别向左、向右将二进制数按每四位一组的形式进行分组(不足四位的补 0)，然后写出与每一组二进制数等值的十六进制数。

例如，将二进制数 1111000001011101.0111101 转换成十六进制数，结果是：

$$(1111000001011101.0111101)_2=(F05D.7A)_{16}$$

类似地，在将十六进制数转换成二进制数时，可按相反的过程进行操作。

1.2.4　数据在计算机中的表示方式

计算机中处理的数据可分为数值型数据和非数值型数据两类。数值型数据是指数学中的代数值，具有量的含义，如 235、−328.45 或 3/8 等；非数值型数据是指输入计算机中的所有文字信息，没有量的含义，如数字 0～9、大写字母 A～Z 或小写字母 a～z、汉字、图形、声音及一切可印刷的符号+、−、！、#、%等。

由于计算机采用二进制，因此这些数据在计算机内部必须以二进制编码的形式表示。也就是说，一切输入计算机中的数据都是由 0 和 1 两个数字进行组合的。数值型数据有正负之分，数学中使用符号+和−来分别表示正数和负数，但在计算机中，数的正负符号也要使用 0 和 1 来表示。

1．有符号数的表示方法

在计算机中，有符号的数通常使用原码、反码和补码 3 种形式来表示，这么做的主要目的就是解决减法运算的问题。任何正数的原码、反码和补码形式都完全相同，而负数的原码、反码和补码形式则不同。

1) 数的原码表示

正数的符号位用0表示，负数的符号位用1表示，有效值部分用二进制绝对值表示，这种表示法称为原码。原码对0的表示方法不唯一，分为正的0(000…00)和负的0(100…00)。

2) 数的反码表示

正数的反码和原码相同，负数的反码则是对原码的除符号位外的其他各位取反：0变1，1变0。

例如：$(+76)_{原} = (+76)_{反} = 01001100$

$(-76)_{原} = 11001100 \quad (-76)_{反} = 10110011$

可以验证，任意数的反码的反码即为原码本身。

3) 数的补码表示

正数的补码和原码相同，负数的补码则需要对反码加1。

例如：$(+76)_{原} = (+76)_{反} = (+76)_{补} = 01001100$

$(-76)_{原} = 11001100 \quad (-76)_{反} = 10110011 \quad (-76)_{补} = 10110100$

可以验证，任意数的补码的补码即为原码本身。

2．定点数与浮点数

数值除了有正负之分以外，还有带小数点的数值。当所要处理的数值含有小数部分时，计算机就必须解决数值中的小数点的表示问题。在计算机中，通常采用隐含规定小数点的位置这种形式来表示带小数点的数值。

根据小数点的位置是否固定，数的表示方法可以分为定点整数、定点小数和浮点数3种类型。定点整数和定点小数统称为定点数。

1) 定点整数

定点整数是指小数点隐含固定在整个数值的最后，符号位右边的所有位数表示的是整数。如果用8位表示定点整数，那么00000110表示二进制数+0000110，也就是十进制数+6。

2) 定点小数

定点小数是指小数点隐含固定在某个位置的小数。人们通常将小数点固定在最高数据位的左边。如果用8位表示定点小数，那么01100000表示二进制数+0.1100000，也就是十进制数+0.75。

由此可见，定点数可以表示纯小数和整数。定点整数和定点小数在计算机中的表示并没有什么区别，小数点完全靠事先约定而隐含在不同位置。

3) 浮点数

浮点数是指小数点位置不固定的数，浮点数既有整数部分又有小数部分。在计算机中，通常把浮点数分阶码(也称为指数)和尾数两部分进行表示。其中：阶码用二进制定点整数表示，尾数用二进制定点小数表示，阶码的长度决定数的范围，尾数的长度决定数的精度。为保证不损失有效数字，通常还会对尾数进行规格化处理，从而保证尾数的最高位为1。实际数值可通过阶码进行调整。

浮点数的格式多种多样。例如，某计算机用32位表示浮点数，阶码部分为8位补码的定点整数，尾数部分为24位补码的定点小数。浮点数的最大特点在于比定点数表示的数值范围大。

例如，二进制的+110110等于$2^6 \times 0.110110$，阶码为6，也就是二进制的+110，尾数为

+0.110110。浮点数的表示形式如图 1- 5 所示。

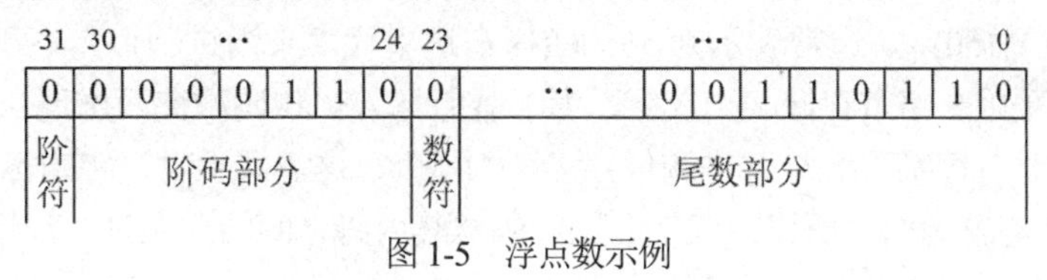

图 1-5　浮点数示例

1.2.5　字符编码

字符编码(Character Encoding)是指把字符集中的字符编码为指定集合中的某一对象(如自然数序列等)，以便文本在计算机中存储和通过通信网络进行传递，常见的例子包括将拉丁字母表编码成摩斯电码和 ASCII(American Standard Code for Information Interchange，美国信息交换标准码)。

1. 西文编码

目前使用最广泛的西文字符集及其编码是 ASCII 字符集和 ASCII 码，ASCII 同时也被国际标准化组织(International Organization for Standardization，ISO)批准为国际标准。ASCII 将字母、数字和其他符号使用 0~127 的整数进行编号，并用 7 个二进制位(bit，比特)表示这种整数。另外，我们通常额外使用一个扩充的二进制位，以便以 1 字节(Byte)的方式进行存储，最高位通常用于奇偶校验。

基本的 ASCII 字符集共有 128 个字符，其中有 96 个可打印字符，包括常用的字母、数字、标点符号等，另外还有 32 个控制字符，如附录所示。

字母和数字的 ASCII 码值的记忆非常简单，只要记住一个字母或数字的 ASCII 码值(例如，0 的 ASCII 码值为 48，A 的 ASCII 码值为 65，a 的 ASCII 码值为 97)，就可以推算出其余大小写字母、数字的 ASCII 码值。

2. 中文编码

为了扩充 ASCII 编码，以显示本国的语言，不同的国家和地区制定了不同的标准，由此产生了 GB2312、BIG5、JIS 等编码标准。这些编码标准使用 2 字节来代表一个字符的各种汉字延伸编码方式，称为 ANSI 编码，又称 MBCS(Muilti-Bytes Character Set，多字节字符集)。在简体中文操作系统下，ANSI 编码代表 GB2312 编码；在日文操作系统下，ANSI 编码代表 JIS 编码。

GB2312 编码通行于我国内地，是于 1980 年发布的《信息交换用汉字编码字符集 基本集》，标准号为 GB 2312—1980，通常被称为国标码。几乎所有的中文系统和国际化的软件都支持 GB2312。

GB2312 是简体中文字符集，由 6763 个常用汉字和 682 个全角的非汉字字符组成。其中汉字根据使用的频率分为两级：一级汉字(常用汉字)3755 个，按汉语拼音字母排列；二级汉字(不常用汉字)3008 个，按偏旁部首排列。

区位码是指每个汉字的 GB2312 编码的对应表示，以 4 位的十进制数字表示，前两位称为“区码”，后两位称为“位码”，共分为 94 区和 94 位。例如，汉字“中”的区位码为 54 48，转换为十六进制后就是$(36)_{16}(30)_{16}$，其中区码为 54、位码为 48。

为了与 ASCII 码一致，避开 ASCII 码中的前 32 个非图形字符，将区位码的区码和位码分别加上十进制数32[或$(20)_{16}$]，便得到国标码。例如，汉字“中”的国标码为86 80，对应的十六进制表示为$(56)_{16}(50)_{16}$，通常表示为5650H(H在这里代表十六进制)。

汉字机内码采用2字节存储一个汉字，为了避免与ASCII码冲突而出现二义性，在将国标码转换为机内码时对每字节(8个二进制位)“高位加1”，这等同于对汉字国标码的十六进制表示加$(80)_{16}$，也就是加80H。所以，汉字的国际码与其内码之间的关系是：汉字的机内码=汉字的国际码+8080H。

汉字输入码(外码)是指用户从键盘上输入汉字时使用的汉字编码，常用的汉字输入码有拼音编码(如全拼、双拼、微软拼音输入法、自然码、智能ABC、搜狗等)、字形编码(五笔、表形码、郑码输入法等)。

GB2312的出现，基本满足了汉字的计算机处理需要，但对于人名、古汉语等方面出现的罕用字，GB2312处理不了，这导致后来GBK及GB18030汉字字符集的出现。

另外，在我国的香港、澳门特别行政区和台湾地区，普遍使用的是繁体中文字符集。为了统一繁体字符集编码，1984年，制定了繁体中文编码方案Big5。在互联网中检索繁体中文网站时，所打开的网页大多都是通过Big5编码产生的文档。

3．Unicode编码

不同ANSI编码之间互不兼容，当信息在国际上交流时，无法将属于两种语言的文字，存储在同一段ANSI编码的文本中。ANSI编码最大的缺点是，同一个编码值，在不同的编码体系里代表着不同的汉字，这就很容易造成混乱，并且导致Unicode编码的诞生。

Unicode作为编码方案，是为了解决传统字符编码方案的局限性而产生的，它为每种语言中的每个字符设定了统一且唯一的二进制编码，可以容纳100多万个符号，以满足跨语言、跨平台进行文本转换、处理的要求。

Unicode虽然统一了编码方式，但是效率不高，比如UCS-4(Unicode的标准之一)规定用4字节存储一个符号，那么每个英文字母必然有3字节是0，这对存储和传输来说都十分耗费资源，于是出现了UTF-8编码。

UTF-8(8-bit Unicode Transformation Format)是针对Unicode的一种可变长度字符编码，可用来表示Unicode标准中的任何字符，而且其编码中的第一个字节与ASCII相容。目前，UTF-8逐渐成为电子邮件、网页及其他存储或传送文字应用中优先使用的编码，Python 3.x默认使用UTF-8编码。

1.3 Python语言简介

1.3.1 Python语言发展简史

Python是由荷兰人Guido Van Rossum于1989年圣诞节期间，在阿姆斯特丹，为了打发圣诞节的无趣而开发的一种解释型脚本语言。

Python本身也是由诸多其他语言发展而来的，包括ABC、C、C++、SmallTalk、UNIX shell以及一些其他的脚本语言等。

1991年，Python的第一个解释器诞生了。它是用C语言实现的，有很多语法来自C，但又受到了很多 ABC 语言的影响。

1994 年 1 月，Python 1.0 发布了。这个版本的主要新功能是 lambda、map、filter 和 reduce。

2000 年 10 月，Python 2.0 发布了。这个版本的主要新功能是内存管理、循环检测垃圾收集器以及对 Unicode 的支持。

2008 年 12 月，Python 3.0 发布了。Python 3.x 不向后兼容 Python 2.x，这意味着 Python 3.x 可能无法运行使用 Python 2.x 编写的代码。Python 3.0 代表着 Python 语言的未来。

2019 年 10 月，Python 3.8 发布了。

自从 2004 年以后，Python 的使用率呈线性增长。

2011 年 1 月，Python 被 TIOBE 编程语言排行榜评为 2010 年年度编程语言；2019 年 1 月，Python 被评为 2018 年年度编程语言，8 年后 Python 重登王座。

在 IEEE Spectrum 2017 年年度编程语言排行榜上，Python 夺冠；在 IEEE Spectrum 2018 年年度编程语言排行榜上，Python 卫冕；在 IEEE Spectrum 2019 年年度编程语言排行榜上，Python 依然是榜单状元。Python 在 IEEE Spectrum 年度编程语言排行榜上连续三年排名第一，已经成为世界上最受欢迎的编程语言。

1.3.2 Python 语言的特点

(1) 入门简单：Python 有相对较少的关键字，结构简单，语法定义明确。阅读编写良好的 Python 程序，感觉就像读英语，非常接近自然语言，学习起来更加简单。Python 的这种伪代码风格，也使得人们在利用 Python 解决问题时，能够更多地专注于问题本身而不是语言的细节。

(2) 免费开源：Python 是自由/开放源代码软件(Free/Libre and Open Source Software，FLOSS)。使用者可以自由地发布软件的副本、阅读源代码、对代码进行改动并用于新的软件中，但不需要支付费用，也不涉及版权问题。

(3) 高层语言：在编写 Python 程序时，无须考虑诸如如何管理程序使用的内存之类的底层细节。

(4) 良好的可移植性：Python 的开源本质，决定了它可以被移植到许多平台上，包括 Linux、Windows、Macintosh、Solaris 及 Android 等。作为脚本语言，Python 程序可以在任何安装了解释器的计算机环境中执行，实现了“一次编写，到处运行”。

(5) 易于维护：Python 语言通过强制缩进体现语句间的逻辑关系，提高了程序的可读性，增强了程序的可维护性。

(6) 解释型语言：使用 Python 语言编写的程序，可以直接从源代码运行。在计算机内部，Python 解释器把源代码转换成字节码，再翻译成机器语言并运行。Python 的解释型语言特性，使得用户可以将一些代码行在交互方式下直接测试执行，既提高了开发速度，也易于程序的编写与调试。

(7) 面向对象：Python 既支持面向过程编程，也支持面向对象编程。在“面向过程”的编程语言中，程序是用过程或仅仅包含可重用代码的函数构建起来的。在“面向对象”的编程语言中，程序是用数据和功能组合而成的对象构建起来的。Python 是完全面向对象的编程语言，一切皆对象，函数、模块、数字、字符串等都是对象。Python 以一种非常强大而又简单的方式实现了面向对象编程。

(8) 可扩展性：Python 提供了丰富的 API 和工具，以便程序员能够轻松地使用 C/C++语言来编写扩充模块。

(9) 广泛的标准库：Python 有非常庞大的标准库，例如 math、random、time、turtle、json 等，可以帮助你处理各种工作，只要安装了 Python，所有这些功能都可以使用。

(10) 丰富的第三方库：除了标准库以外，Python 还有大量的第三方库，例如 NumPy、SciPy、SymPy、matplotlib、scikit-learn、Requests、Scrapy、wxPython、Pygame、Django、jieba、PyInstaller 等，为我们解决各类问题提供了强大的工具。利用合适的第三方库不仅可以节省开发时间，满足各种复杂的需求，更重要的是，合理利用这些资源会使学习与开发变得更加便利与高效。

(11) 运行速度慢：Python 是解释型语言，源代码在执行时会逐行翻译成机器代码，翻译过程比较耗时，所以运行速度相对较慢。

1.3.3 Python 语言的应用领域

Python 语言的应用领域十分广泛，覆盖了 Web 开发、科学计算、系统运维、游戏开发、GUI 编程、数据库编程、大数据分析、人工智能等诸多领域。

(1) Web 开发：Python 提供丰富的模块以支持 Socket 编程和多线程编程，能方便、快速地开发网络服务程序。Python 还拥有优秀的 Django、Tornado、Flask 等 Web 开发框架，并且得到众多开源插件的支持，足以适用各种不同的 Web 开发需求。

(2) 科学计算：随着 NumPy、SciPy、matplotlib 和 Pandas 等众多程序库的开发，Python 越来越适合于进行科学计算以及绘制高质量的 2D 和 3D 图像。

(3) 系统运维：Python 标准库包含多个用于调用操作系统功能的库。例如，通过第三方软件包 pywin32，Python 能够访问 Windows API；通过 IronPython，Python 程序能够直接调用.NET Framework。Python 已成为运维工程师首选的编程语言，在自动化运维方面深入人心。

(4) 大数据分析：Python 是大数据分析的主流语言之一，网络爬虫是大数据行业获取数据的核心工具，Google 等搜索引擎公司大量地使用 Python 编写网络爬虫。目前，Scrapy 爬虫框架的应用非常广泛，该框架就是使用 Python 实现的。

(5) 人工智能：Python 已是人工智能领域主流的编程语言。目前世界上一些十分优秀的人工智能学习框架，如 TensorFlow、Theano、Keras 等，都是使用 Python 实现的。

1.4 Python 语言开发环境

1.4.1 下载和安装 Python

在学习 Python 语言之前，首先要搭建编程环境。Python 可以安装在 Linux、Windows、Mac OS X、iOS 等主流平台上。本节以 Windows 为例，介绍 Python 的安装过程。

在 Windows 上安装 Python 和安装普通软件一样简单，下载安装包以后，基本上单击“下一步”按钮即可。

进入 Python 官网下载页面：https://www.python.org/downloads/，如图 1-6 所示。

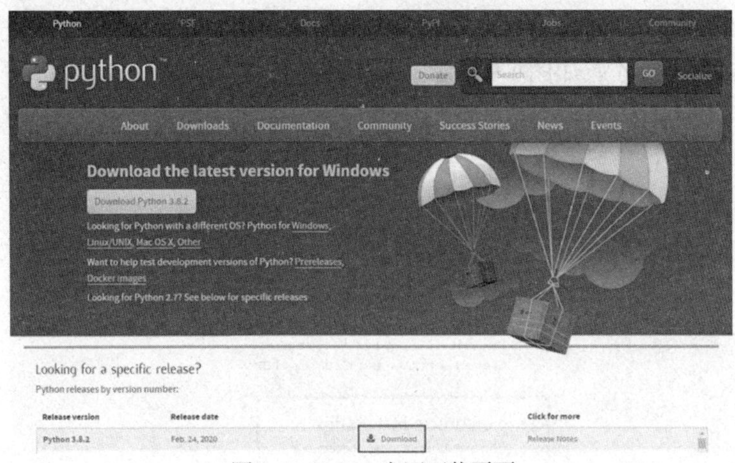

图 1-6　Python 官网下载页面

目前最新的版本是 Python 3.8.2，单击图 1-6 中的版本号或 Downloads 选项，进入对应版本的下载页面，滚动到最后即可看到 Python 安装包，如图 1-7 所示。

Files

Version	Operating System	Description	MD5 Sum	File Size	GPG
Gzipped source tarball	Source release		f9f3768f757e34b342dbc06b41cbc844	24007411	SIG
XZ compressed source tarball	Source release		e9d6ebc92183a177b8e8a58cad5b8d67	17869888	SIG
macOS 64-bit installer	Mac OS X	for OS X 10.9 and later	f12203128b5c639dc08e5a43a2812cc7	30023420	SIG
Windows help file	Windows		7506675dcbb9a1569b54e600ae66c9fb	8507261	SIG
Windows x86-64 embeddable zip file	Windows	for AMD64/EM64T/x64	1a98565285491c0ea65450e78afe6f8d	8017771	SIG
Windows x86-64 executable installer	Windows	for AMD64/EM64T/x64	b5df1cbb2bc152cd70c3da9151cb510b	27586384	SIG
Windows x86-64 web-based installer	Windows	for AMD64/EM64T/x64	2586cdad1a363d1a8abb5fc102b2d418	1363760	SIG
Windows x86 embeddable zip file	Windows		1b1f0f0c5ee8601f160cfad5b560e3a7	7147713	SIG
Windows x86 executable installer	Windows		6f0ba59c7dbeba7bb0ee21682fe39748	26481424	SIG
Windows x86 web-based installer	Windows		04d97979534f4bd33752c183fc4ce680	1325416	SIG

图 1-7　Python 安装包页面

关于 Python 安装包的几点说明：

- 以 Windows x86-64 开头的是 64 位的 Python 安装程序。
- 以 Windows x86 开头的是 32 位的 Python 安装程序。
- embeddable zip file 表示.zip 格式的绿色免安装版本。
- web-based installer 表示通过网络进行安装。
- executable installer 表示.exe 格式的可执行程序，通常选择此类安装包。

选择 Windows x86-64 executable installer，这是 64 位的完整的离线安装包，单击“下载”按钮，将文件保存到指定的文件夹中，如图 1-8 所示。

图 1-8　下载 Python 安装包

双击得到的 python-3.8.2-amd64.exe，也可在图 1-8 中直接单击“下载并运行”按钮，就可以正式开始安装 Python 了，如图 1-9 所示。

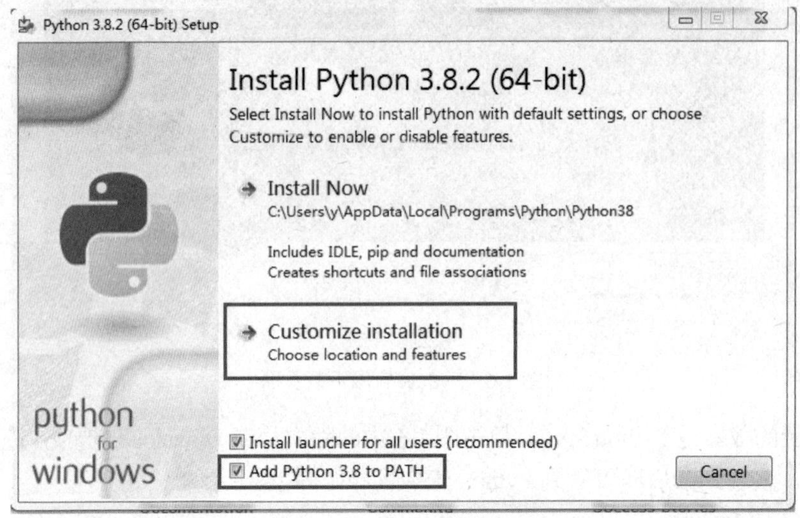

图 1-9　Python 安装界面

在图 1-9 中选中 Add Python 3.8 to PATH 复选框，这样就可以将 Python 命令工具所在目录添加到 PATH 环境变量中了，以后开发程序或运行 Python 命令将会非常方便。

Python 支持两种安装方式：默认安装和自定义安装。默认安装会选择所有组件，并将它们安装到 C 盘上；自定义安装则允许你手动选择想要安装的组件，并将它们安装到其他磁盘上。

在这里，我们选择自定义安装，可将 Python 安装到常用目录下以免 C 盘文件过多。单击 Customize installation 选项，进入下一个界面。

选择想要安装的 Python 组件，若没有特殊要求，保持默认即可，如图 1-10 所示。

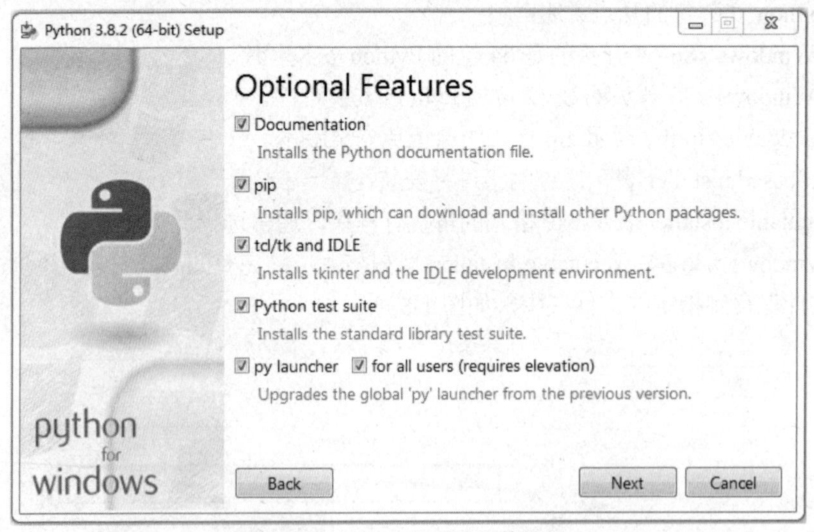

图 1-10　Python 的可选组件界面

单击 Next 按钮，进入 Python 的高级选项界面，进行安装目录的选择等设置，如图 1-11 所示。

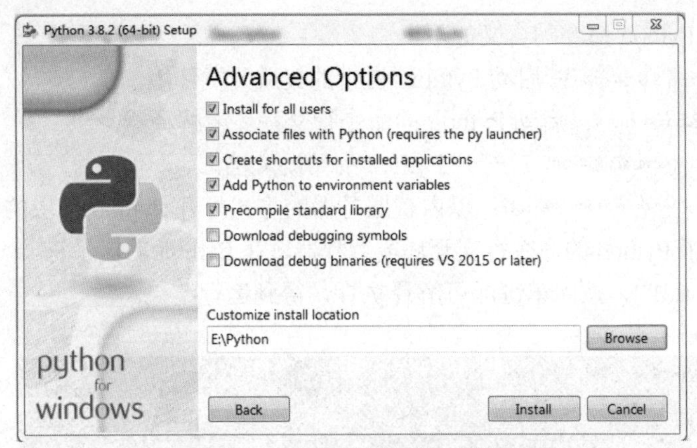

图 1-11　Python 的高级选项界面

单击 Install 按钮进行安装，安装完毕后会弹出安装成功界面，如图 1-12 所示。

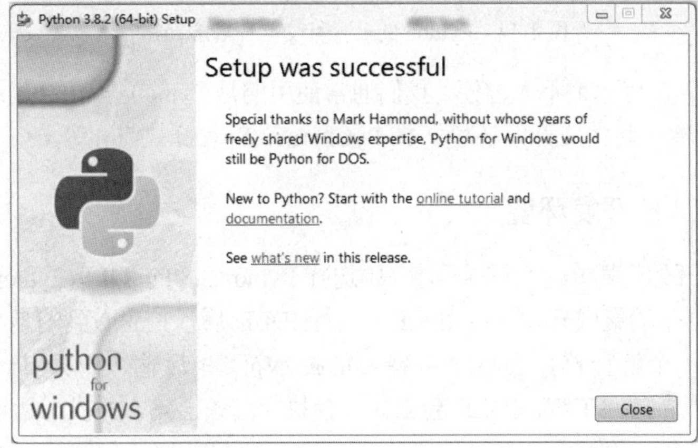

图 1-12　Python 的安装成功界面

Python 安装成功后，在 Windows 系统的“开始”菜单中，找到 Python 3.8 文件夹，单击该文件夹，你将会看到如图 1-13 所示的 Python 命令。

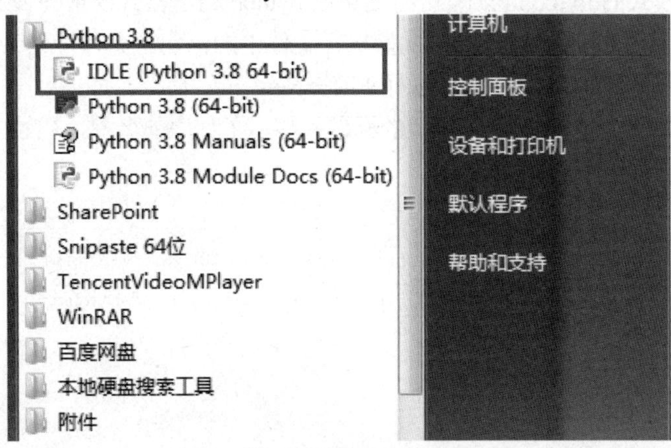

图 1-13　Python 命令

图 1-13 所示 Python 命令的含义如下。

- IDLE (Python 3.8 64-bit)：启动 Python 自带的集成开发环境。
- Python 3.8 (64-bit)：启动 Python 的命令行交互环境解释器。
- Python 3.8 Manuals (64-bit)：打开 Python 的帮助文档。
- Python 3.8 Module Docs (64-bit)：以内置服务器的方式打开 Python 模块的帮助文档。

图 1-14 展示了 Python 的命令行交互环境解释器，在 Python 的提示符>>>后输入 Python 语句 print("Hello World!")，按回车键即可解释执行，得到运行结果。

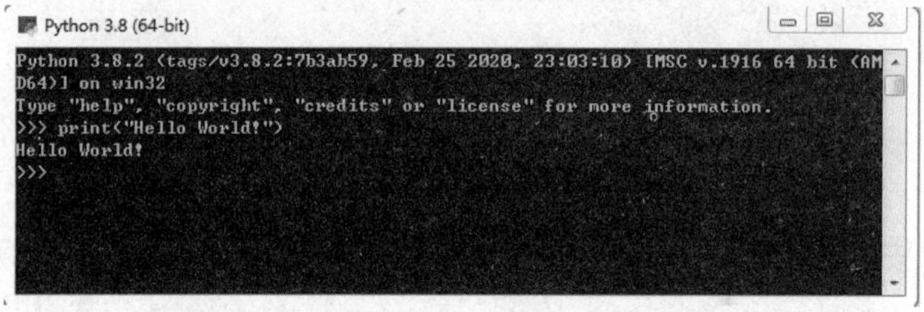

```
Python 3.8 (64-bit)
Python 3.8.2 (tags/v3.8.2:7b3ab59, Feb 25 2020, 23:03:10) [MSC v.1916 64 bit (AM
D64)] on win32
Type "help", "copyright", "credits" or "license" for more information.
>>> print("Hello World!")
Hello World!
>>>
```

图 1-14　Python 的命令行交互环境解释器

这是字符界面，使用起来不太方便。我们通常使用的是 Python 自带的集成开发环境 IDLE，当然也可以使用其他一些集成开发环境，如 PyCharm、Spyder、Vim 等。

1.4.2　内置的 IDLE 开发环境

在 Windows“开始”菜单的“所有程序”中选择 Python 3.8 的 IDLE(Python 3.8 64-bit)命令，即可打开 Python 自带的集成开发环境 IDLE。运行 IDLE 后，首先看到的是主窗口——Python 3.8.2 Shell，这是一个解释器，在这个解释器的提示符>>>后输入一条 Python 语句，例如 print("Hello,World!")，按回车键，IDLE 会立即解释执行这条语句，并显示运行结果。这样的解释器通常被称为 shell。

这是一种交互模式的 Python 程序，解释器即时响应用户输入的语句，并给出相应的输出结果。这种方式每次只执行一条语句，适用于调试少量代码。

另一种是文件模式的 Python 程序，可将语句按 Python 语法格式要求写在文件中，保存为.py 形式的文件，然后启动 Python 解释器，批量执行文件中的语句。具体操作步骤如下：

(1) 在图 1-15 所示的主窗口中依次选择 File→New File 命令，如图 1-16 所示，即可新建 Python 脚本程序，如图 1-17 所示——窗口的标题栏显示了程序的名称，初始文件名为 untitled，带有符号*，表示程序还没有保存。

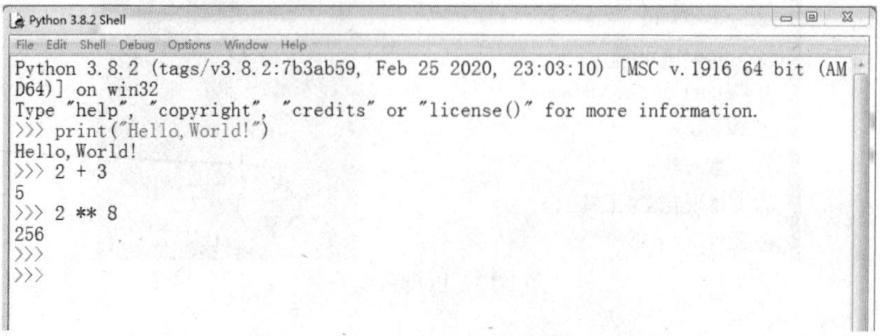

```
Python 3.8.2 Shell
File  Edit  Shell  Debug  Options  Window  Help
Python 3.8.2 (tags/v3.8.2:7b3ab59, Feb 25 2020, 23:03:10) [MSC v.1916 64 bit (AM
D64)] on win32
Type "help", "copyright", "credits" or "license()" for more information.
>>> print("Hello,World!")
Hello,World!
>>> 2 + 3
5
>>> 2 ** 8
256
>>>
>>>
```

图 1-15　Python 自带的集成开发环境

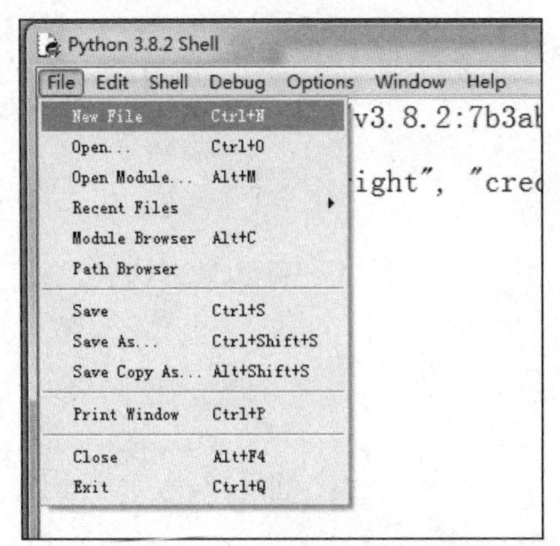

图 1-16　启动 Python 文件模式

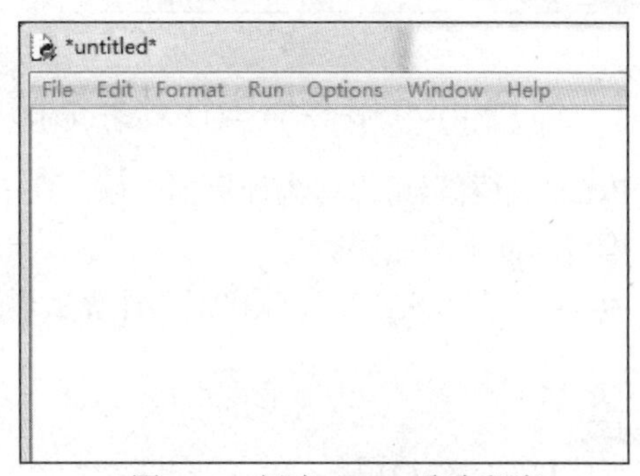

图 1-17　新建 Python 脚本程序

(2) 在图 1-17 所示的窗口中编写第一个 Python 程序，并依次选择 File→Save 命令，将程序保存为 hello.py 文件，如图 1-18 所示。

```
hello.py - E:/python教材/hello.py (3.8.2)
File  Edit  Format  Run  Options  Window  Help
# example1_1
# 我的第一个Python程序

print("Hello,World!")
```

图 1-18　Python 文件模式的程序

(3) 在图 1-18 所示的窗口中依次选择 Run→Run Module 命令，即可运行当前的 Python 程序，并在 shell 中显示运行结果，如图 1-19 所示。

```
Python 3.8.2 Shell
File  Edit  Shell  Debug  Options  Window  Help
Python 3.8.2 (tags/v3.8.2:7b3ab59, Feb 25 2020, 23:03:10) [MSC v.1916 64 bit (AM
D64)] on win32
Type "help", "copyright", "credits" or "license()" for more information.
>>> print("Hello,World!")
Hello,World!
>>> 2 + 3
5
>>> 2 ** 8
256
>>>
>>>
======================== RESTART: E:/python教材/hello.py =====================
==
Hello,World!
>>>
```

图 1-19　Python 程序的运行结果

打开已有 Python 程序的方法是：在 IDLE 窗口中依次选择 File→Open 命令，选择想要打开的文件夹和 Python 程序即可；也可在文件夹中右击想要打开的 Python 程序，依次选择 Edit with IDLE 命令和 Edit with IDLE 3.8(64-bit)命令即可。

1.4.3　Python 常用的其他一些集成开发环境

除了 Python 自带的集成开发环境 IDLE 之外，还有一些被广泛使用的其他集成开发环境，如 PyCharm、Spyder、Vim 等。从事数据分析和机器学习工作的人士，也可以直接安装 Anaconda，因为 Anaconda 包含了 conda、Python 及 NumPy、SciPy、matplotlib 等数量超过 180 个的科学包及其依赖项。

1.5 初识 Python 程序

1.5.1 把 Python 解释器当作计算器使用

Python 解释器可以作为计算器使用，在 IDLE 交互模式下，输入一行数学表达式，按回车键，即可返回运算结果。

例 1-1 在 IDLE 交互模式下，计算数学表达式的值。

```
>>> 99 + 88 - 5*6
157
>>> (18 + 36)*7 / 2
189.0
>>> 2 ** 8
256
>>> 2 ** 0.5
1.4142135623730951
>>> 17 // 3
5
>>> 17.0 // 3
5.0
>>> 17 / 3
5.666666666666667
>>> 17 % 3
2
>>>
```

说明：

- 以上表达式的语法很直白：运算符+、-、*和/代表的就是通常的加、减、乘、除。
- 整数(如 88)的类型是 int，带有小数部分的数字(如 189.0)的类型是 float。
- 除法(/)永远返回一个浮点数(float)。
- 使用//运算符时，结果将丢掉任何小数部分。
- 可使用%运算符计算余数。
- 可使用**运算符计算幂的乘方。

那么，如何计算三角函数、指数函数、对数函数的值呢？比如 sin(π/6)、sin(2)、ln2 等。直接输入，系统会报错，如图 1-20 所示。

```
>>> sin(2)
Traceback (most recent call last):
  File "<pyshell#13>", line 1, in <module>
    sin(2)
NameError: name 'sin' is not defined
>>>
```

图 1-20 系统发出的报错信息

导入系统自带的 math 标准库，即可解决相关问题。

例 1-2　导入并使用 math 标准库。

```
>>> import math
>>> math.sin(2)
0.9092974268256817
>>> math.sin(math.pi/6)
0.49999999999999994
>>> math.log(2)
0.6931471805599453
>>>
```

说明：

- math 标准库是内置的 Python 模块，import 语句用来导入模块。
- .是成员运算符，用来调用模块中的函数或方法。

导入 math 标准库之后，利用内置的 dir()函数，可以查阅 math 标准库中的内容：

```
>>> dir(math)
['__doc__', '__loader__', '__name__', '__package__', '__spec__', 'acos', 'acosh', 'asin', 'asinh', 'atan', 'atan2', 'atanh', 'ceil', 'comb', 'copysign', 'cos', 'cosh', 'degrees', 'dist', 'e', 'erf', 'erfc', 'exp', 'expm1', 'fabs', 'factorial', 'floor', 'fmod', 'frexp', 'fsum', 'gamma', 'gcd', 'hypot', 'inf', 'isclose', 'isfinite', 'isinf', 'isnan', 'isqrt', 'ldexp', 'lgamma', 'log', 'log10', 'log1p', 'log2', 'modf', 'nan', 'perm', 'pi', 'pow', 'prod', 'radians', 'remainder', 'sin', 'sinh', 'sqrt', 'tan', 'tanh', 'tau', 'trunc']
>>>
```

利用内置的 help()函数，可以查阅相关函数或方法的使用说明：

```
>>> help(math.gcd)
Help on built-in function gcd in module math:

gcd(x, y, /)
    greatest common divisor of x and y
>>>
>>> math.gcd(24,90)
6
>>>
```

math 模块中的内置函数 gcd(x,y)能够返回 x 和 y 的最大公约数。

```
>>> help(math.factorial)
Help on built-in function factorial in module math:

factorial(x, /)
    Find x!.

    Raise a ValueError if x is negative or non-integral.

>>> math.factorial(4)
24
>>>
```

math 模块中的内置函数 factorial(x)能够返回 x 的阶乘。

学习 Python 语言时，请一定充分利用好系统的帮助文件。

1.5.2 Python 程序示例

Python 语言的特点之一就是入门简单，关键字相对较少，结构简单，语法定义明确，非常接近自然语言。阅读编写良好的 Python 程序，就像读英语一样轻松。例 1-3 是一个计算身体健康指数 BMI 的 Python 程序，试着读一下这个程序，暂时忽略语法含义，看看是否能够读懂；按照程序设计的 IPO 方法分析一下这个程序，思考一下如何利用 Python 编程求解实际问题。

例 1-3 编程计算身体健康指数 BMI，从键盘输入人体的身高和体重。

```
1   # -*- coding: utf-8 -*-

2   '''
3   BMI 身体健康指数计算
4   作者、时间、版本号等

5   BMI:Body Mass Index，身体健康指数
6   BMI = 体重(单位 kg)/(身高(单位 m))^2
7   国际上常用的衡量人体肥胖和健康程度的重要标准，主要用于统计分析

8   国内 BMI 值(kg/m^2)：
9   <18.5，偏瘦；
10  18.5~24，正常；
11  24~28，偏胖；
12  >= 28，肥胖。
13  '''

14  height = eval(input("请输入您的身高(单位为米)："))
15  weight = eval(input("请输入您的体重(单位为千克)："))

16  bmi = weight/(height ** 2)          #计算身体健康指数

17  print("您的 BMI 指数为：",bmi)

18  # 判断身材是否合理
19  if bmi < 18.5:
20      print("您偏瘦，请加强营养！")
21  elif bmi >= 18.5 and bmi < 24:
22      print("恭喜您，体重正常，请注意保持！")
23  elif bmi >= 24 and bmi < 28:
24      print("您偏胖，请加强锻炼！")
25  else:
26      print("您体重过大，请适度节食、加强锻炼！")
```

运行 IDLE，打开该程序，依次选择 Run→Run Module，进入 shell 界面，按照提示“请输入您的身高(单位为米)：”输入 1.7 并回车，再按照提示“请输入您的体重(单位为千克)：”输入 80 并回车，得到的计算结果如图 1-21 所示。

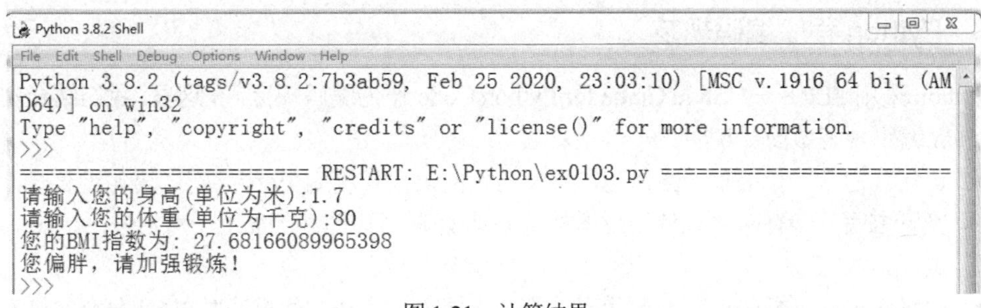

图 1-21　计算结果

这是一个编码格式较规范的程序，通过分析该程序，希望大家能够初步了解 Python 语言的编码规范，逐步养成良好的编程习惯，以编写出格式规范的代码。

第 1 行“#-*- coding:utf-8 -*-”是编码格式声明，在 Windows 平台上必须位于 Python 文件的第一行。由于 Python 3.x 版本默认将程序保存为 UTF-8 格式，因此一般情况下，第 1 行代码可以省略。

从第 2 行的三个单引号'''(或三个双引号""")开始，到第 13 行的三个单引号'''(或三个双引号""")结束的部分是文档字符串。文档字符串是包、模块、类或函数里的第一条语句，通常包含版本信息、参数说明、功能说明等，用于表明如何使用这个包、模块、类或函数(方法)，甚至包括使用示例和单元测试。

第 14 行的 height = eval(input("请输入您的身高(单位为米):"))是输入语句，作用是利用 input()函数接收用户的键盘输入，并利用 eval()函数将输入的字符串转换为数值，然后赋值给变量 height，以便进行数学运算。

第 15 行同第 14 行，作用是将用户从键盘输入的数据赋值给变量 weight。

第 16 行的 bmi = weight/(height ** 2)是赋值语句，作用是将等号右边的数学表达式的计算结果赋值给变量 bmi。另外，#后面的文字是行注释。

第 17 行的 print("您的 BMI 指数为：",bmi)是输出语句，作用是输出计算出的 BMI 值。

第 18 行的“#判断身材是否合理”是块注释语句，用于说明下方语句块的功能。

第 19~26 行是多分支结构的 if-elif-else 语句，作用是根据计算出的 BMI 值和国内的 BMI 指标体系，判断用户的身材是否合理并输出结果。

其实，这个语句块很好理解。我们可以将其看作英语，试着翻译一下。

第 19 和 20 行是一条完整的语句，第 20 行相对于第 19 行缩进了 4 个空格以表明逻辑相关性，可翻译为：如果(if)bmi < 18.5 真，输出"您偏瘦，请加强营养！"。

接着，第 21 和 22 行是一条完整的语句，可翻译为：否则，如果(elif)bmi >= 18.5 and bmi < 24 真，输出“恭喜您，体重正常，请注意保持！”。

接着，第 23 和 24 行是一条完整的语句，可翻译为：否则，如果(elif)bmi >= 24 and bmi < 28 真，输出“您偏胖，请加强锻炼！”。

最后，第 25 和 26 行是一条完整的语句，可翻译为：否则(else)，输出“您体重过大，请适度节食、加强锻炼！”。

例 1-3 中的程序还不够完善，还有许多需要改进的地方。请大家积极思考该程序还有哪些不足，在哪些方面还可以改进，你希望程序是什么样的，等等。随着今后的学习，希望大家利用所学知识不断地完善这个程序。对于程序设计来说，没有最好，只有更好！

1.5.3 Python 程序编码规范

Python 采用 PEP 8——Style Guide for Python Code 作为编码规范，在这里，我们结合例 1-3，对 Python 编码规范做简要说明。

- 语句：通常一行书写一条语句，每条语句的最大长度为 79 个字符；语句过长时，可以换行书写，换行时可以使用反斜杠\，但最好在语句的外部加上一对括号，比如( )、[ ]或{ }。
- 注释：对于不是一目了然的代码，应在行尾添加注释。注释通常以#和一个空格开始，和语句在同一行，但至少要用两个空格和语句分开；对于复杂的操作，应在操作开始前写上若干行注释，每行都要以#和一个空格开始，形成块注释。
- 缩进：每个缩进层级使用 4 个空格，不要使用 Tab 键缩进代码。
- 空行：使用必要的空行可以增强代码的可读性。通常情况下，在编码格式声明、模块导入、常量和全局变量声明、顶级定义(如函数或类的定义)之间空两行，而在方法和函数定义之间空一行。另外，在函数或方法内部，可以在必要的地方空一行以增强可读性，但应避免连续空行。
- 空格：通常情况下，在二元运算符的两侧各加一个空格；不要在逗号和冒号的前面加空格，但应该在它们的后面加空格；在函数的参数列表中，逗号之后要加一个空格；左括号之后、右括号之前不要加空格。
- 文档字符串：文档字符串是包、模块、类或函数里的第一条语句，可通过对象的 doc 成员自动提取，并由 pydoc 使用。通过导入模块，可利用 help()函数查看文档字符串的内容，如图 1-22 所示。

```
>>> import ex0103
>>> help(ex0103)
Help on module ex0103:

NAME
    ex0103

DESCRIPTION
    BMI 身体健康指数计算
    作者、时间、版本号等

    BMI:Body Mass Index，身体健康指数
    BMI = 体重(单位kg)/身高(单位m)^2
    国际上常用的衡量人体肥胖和健康程度的重要标准，主要用于统计分析

    国内BMI值（kg/m^2）：
    <18.5，偏瘦；
    18.5~24，正常；
    24~28，偏胖；
    >=28，肥胖。

DATA
    bmi = 27.68166089965398
    height = 1.7
    weight = 80

FILE
    e:\python\ex0103.py


>>>
```

图 1-22　查看例 1-3 中的文档字符串

1.5.4　Python 的帮助文档

学习 Python 语言难免会遇到各种问题，我们必须学会充分利用 Python 的帮助文档解决相关问题。

在 IDLE 环境下，依次选择 Help→Python Docs 命令，如图 1-23 所示，即可进入 Python 文档初始界面，如图 1-24 所示。

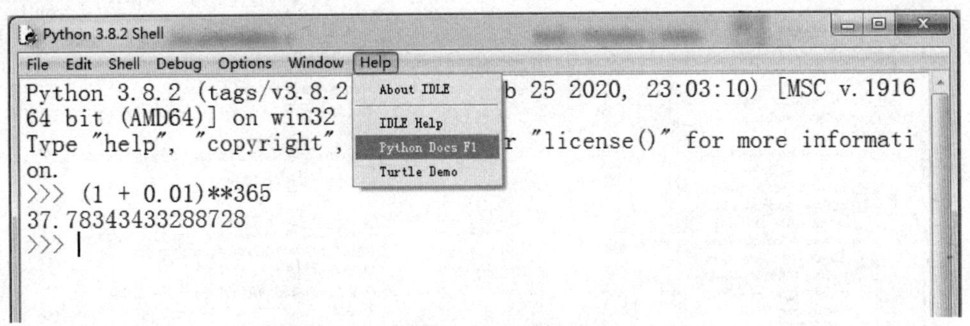

图 1-23　依次选择 Help→Python Docs 命令

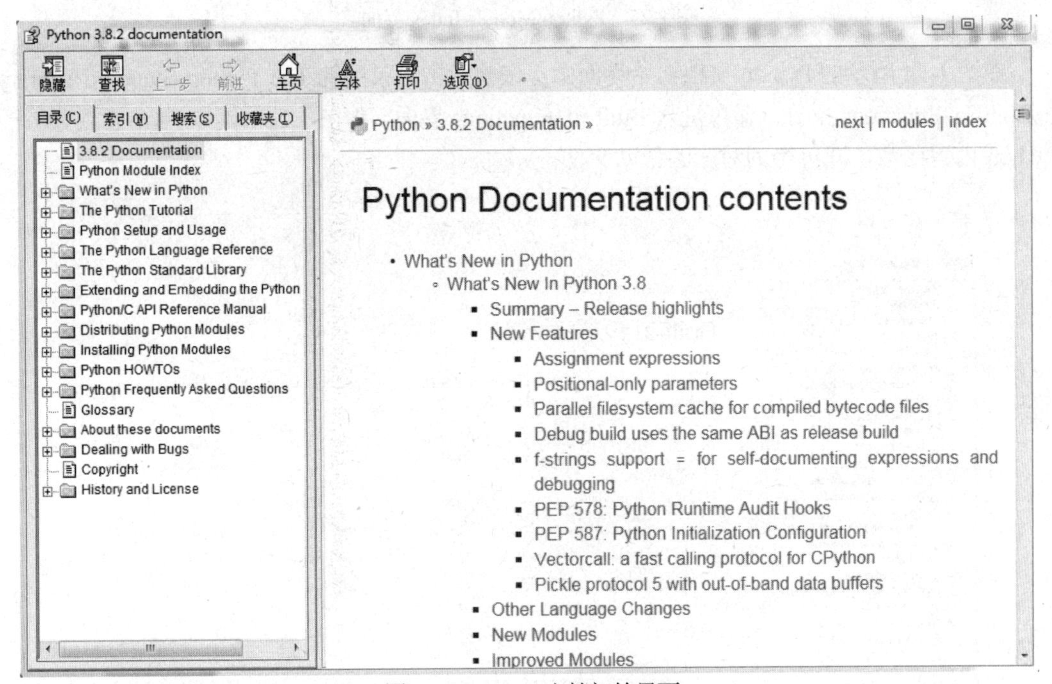

图 1-24　Python 文档初始界面

在图 1-24 所示的 Python 文档初始界面中，单击目录中的 Python Module Index 条目，即可进入 Python Module Index 界面，如图 1-25 所示，可以按索引查找相关模块的帮助信息。

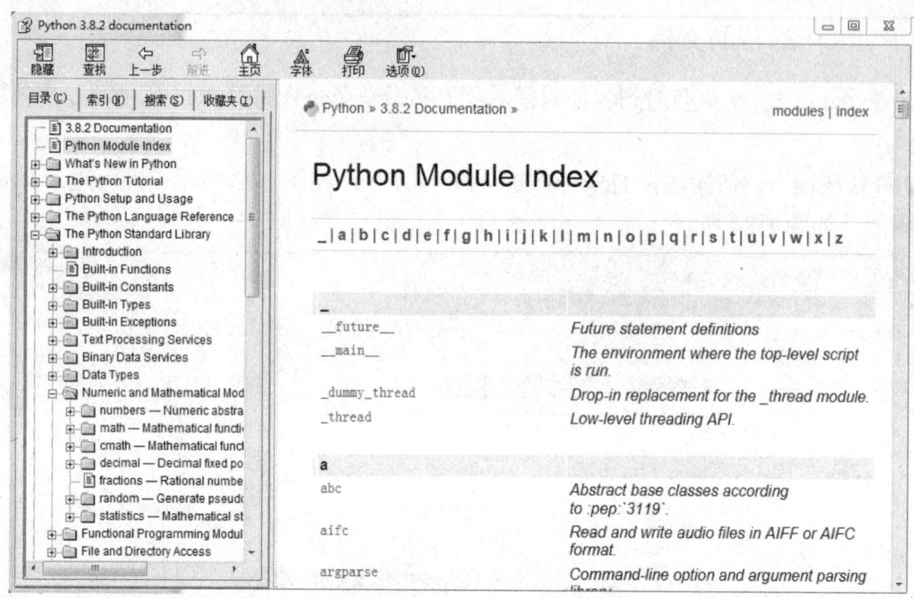

图 1-25 Python Module Index 界面

在图 1-24 所示的 Python 文档初始界面中，依次双击目录中的 The Python Standard Library →Built-in Functions 条目，即可进入 Built-in Functions 界面，如图 1-26 所示。单击想要查看的 Python 内置函数，即可得到对应的帮助文件。

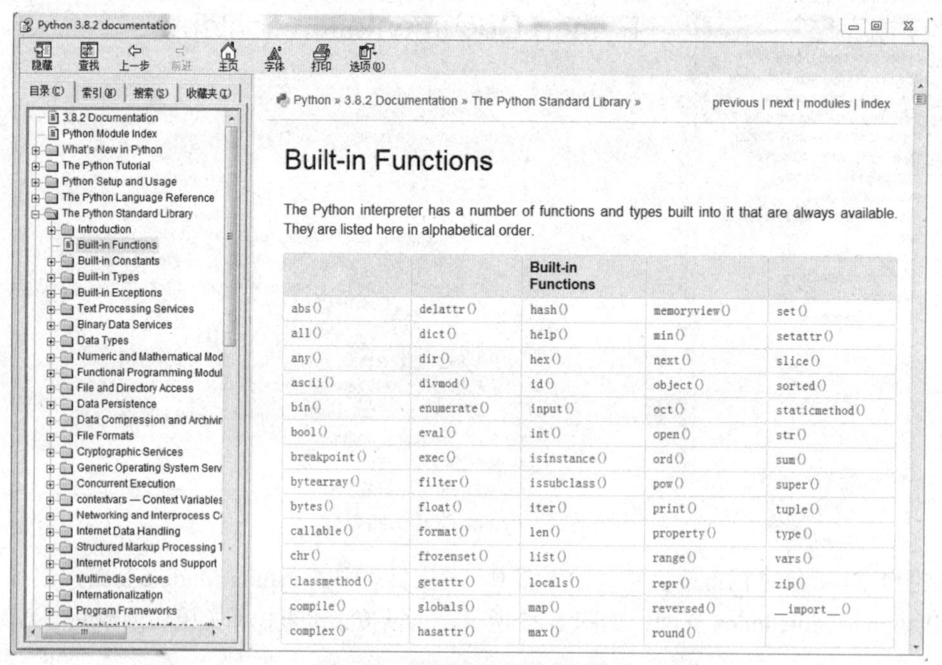

图 1-26 Built-in Functions 界面

在实践中，更常用的方法是，随时利用 Python 内置函数 help()查找有关主题的帮助文档。例如，在命令提示符<<<后输入 help(id)后，按回车键即可得到有关 id()函数的帮助文档，如图 1-27 所示。

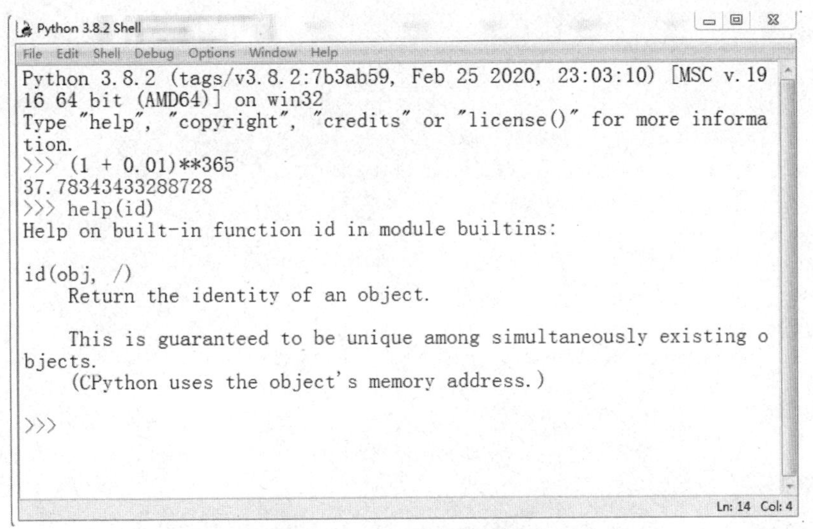

图 1-27　help()函数用法演示

另外，互联网上也有各种资源，大家可以充分利用。

1.6 习　　题

一、选择题

1. Python 是一种(　　)类型的编程语言。

　A. 机器语言　　B. 解释　　C. 编译　　D. 汇编语言

2. Python 语言通过(　　)来体现语句之间的逻辑关系。

　A. {}　　B. ()　　C. 缩进　　D. 自动识别逻辑

3. 以下不属于 Python 语言特点的是(　　)。

　A. 语法简洁　　B. 依赖平台　　C. 支持中文　　D. 类库丰富

二、编程题

1. 计算$(1+0.01)^{365}$和$(1-0.01)^{365}$的值，请谈一下你的感想。

2. 参照例 1-2，计算 $100\times\cos 18^\circ$ 的值。

3. 温度的刻画有两种不同的体系，分别是摄氏(Celsius)温度和华氏(Fabrenheit)温度，请参照例 1-3，编程进行两种体系下的温度之间的转换：

(1) 从键盘输入摄氏温度，转换为相应的华氏温度。

(2) 从键盘输入华氏温度，转换为相应的摄氏温度。

其中，转换公式如下：

$$\text{Celsius} = (\text{Fabrenheit}-32) / 1.8$$

$$\text{Fabrenheit} = \text{Celsius}\times 1.8 + 32$$

第2章

Python语言基础

本章将介绍Python语言的基本语法，包括标识符、变量、数据类型、运算符和基本输入输出等，为利用Python开发应用程序奠定基础。

2.1 标识符与关键字

2.1.1 标识符

标识符就是名称，就像我们每个人都有属于自己的姓名一样，标识符的作用就是作为变量、函数、类、模块和文件等对象的名称，以方便程序调用。在Python中，标识符的命名需要遵守一定的规则。

- 标识符由字母、数字和下画线3种字符构成，且不能以数字开头。
- 标识符中的字母是严格区分大小写的。
- 标识符不能和Python中的保留字相同，如break。
- 标识符不能是标准函数已经使用的名称，如print。
- 标识符的命名应该尽量做到见名知意，以提高代码的可读性。

合法标识符：myAge、myHeight、s2i、radius、average_score、totalScore等。

非法标识符：4year、100_bottles、my money、my-son、if、print、xiti.2等。

2.1.2 关键字

关键字又称保留字，它们是Python语言中的一些已经被赋予特定意义的单词。这就要求开发者在开发程序时，不能再使用这些保留字作为标识符对变量、函数、类、模块以及其他对象进行命名。

Python中的保留字可以通过执行如下命令进行查看：

```
>>> import keyword
>>> keyword.kwlist
['False', 'None', 'True', 'and', 'as', 'assert', 'async', 'await', 'break', 'class', 'continue', 'def', 'del', 'elif', 'else', 'except', 'finally', 'for', 'from', 'global', 'if', 'import', 'in', 'is', 'lambda', 'nonlocal', 'not', 'or', 'pass', 'raise', 'return', 'try', 'while', 'with', 'yield']
>>> len(keyword.kwlist)
35
```

我们可以看到，目前 Python 中有 35 个关键字。

在实际开发中，如果不小心使用了 Python 中的保留字作为标识符，解释器就会报出 SyntaxError: invalid syntax 的错误信息。

2.1.3 Python 内置的标准函数

标识符不能与 Python 内置的标准函数同名。

Python 内置的标准函数可以通过执行如下命令进行查看：

```
>>> dir(__builtins__)
['abs', 'all', 'any', 'ascii', 'bin', 'bool', 'breakpoint', 'bytearray', 'bytes', 'callable', 'chr', 'classmethod', 'compile', 'complex', 'copyright', 'credits', 'delattr', 'dict', 'dir', 'divmod', 'enumerate', 'eval', 'exec', 'exit', 'filter', 'float', 'format', 'frozenset', 'getattr', 'globals', 'hasattr', 'hash', 'help', 'hex', 'id', 'input', 'int', 'isinstance', 'issubclass', 'iter', 'len', 'license', 'list', 'locals', 'map', 'max', 'memoryview', 'min', 'next', 'object', 'oct', 'open', 'ord', 'pow', 'print', 'property', 'quit', 'range', 'repr', 'reversed', 'round', 'set', 'setattr', 'slice', 'sorted', 'staticmethod', 'str', 'sum', 'super', 'tuple', 'type', 'vars', 'zip']
>>> len(dir(__builtins__))
154
```

目前 Python 中有 154 个内置的标准函数，我们可以看到，以上只列出了其中的一部分。

2.2 变量与常量

2.2.1 变量

任何编程语言都需要处理数据，比如数字、字符串等。我们可以直接使用数据，也可以将数据保存到变量中，以方便以后使用。每个变量都拥有独一无二的名称，通过变量的名称就能找到变量中的数据。

在编程语言中，将数据保存到变量中的过程叫作赋值。Python 语言使用等号作为赋值运算符，具体格式为：

```
变量名 = 要存储的数据
```

注意，变量名是标识符的一种，因而也要遵守标识符的命名规则。

对于有些编程语言，比如 C 语言，为了方便理解，可以将变量看成“盒子”，专门用来“盛装”程序中的数据。不同类型的数据，要用不同类型的盒子盛装。因此，在定义变量时，需要声明变量的类型。

Python 语言有所不同，Python 中的变量不需要声明，但每个变量在使用前必须先赋值，赋完值之后变量才会被创建。值存放在内存中的某个位置，变量只是用于引用而已。

例如，在程序中执行语句 x = 9 时，实质上 Python 要做以下三件事情。

(1) 创建一个对象，即分配一块内存以存储数据 9。

(2) 创建一个变量 x，如果它还没有被创建的话。

(3) 将变量名 x 与对象关联起来，创建变量并使用变量引用对象。

在 shell 中演示如下：

```
>>> x = 9
>>> print(x)
9
>>> id(x)
140727631927200
>>> id(9)
140727631927200
>>> type(x)
<class 'int'>
>>> type(9)
<class 'int'>
>>>
```

注意，在这里 id(x)返回的是对象 9 的地址，而 type(x)返回的是对象 9 的类型。

其实，Python 中的变量没有任何与之关联的类型信息。所谓变量的类型，是指与之关联的对象的类型。

当我们再次执行语句 x = 9.0 时，又会怎么样？

在 shell 中演示如下：

```
>>> x = 9.0
>>> type(x)
<class 'float'>
>>> type(9.0)
<class 'float'>
>>>
```

此时，type(x)返回的类型是<class 'float'>，这是对象 9.0 的类型。

当我们执行语句 x = "人生苦短，我用 Python!"时，又会怎么样？

在 shell 中演示如下：

```
>>> x = "人生苦短，我用 Python!"
>>> print(x)
人生苦短，我用 Python!
>>> type(x)
<class 'str'>
>>>
```

此时，type(x)返回的类型是<class 'str'>。

在 Python 中，当一个变量名被赋予新的对象时，之前赋予的那个对象(如果此时没有被其他的变量名或对象引用的话)占用的内存空间就会被回收。这种自动的内存管理过程被称为“垃圾收集”。对象的“垃圾收集”机制很有意义，它使得我们在 Python 中可以任意使用对象而不需要考虑内存空间的释放问题，从而省去了很多麻烦。

2.2.2　常量

和变量对应的是常量。常量分为字面常量和命名常量。

字面常量也称字面值，是指在程序中可以直接使用的常量值。例如，9 表示整型字面常量，

9.0 表示浮点型字面常量，而"Python 语言"表示字符串常量。

在 Python 中，另有少数常量存在于 Python 内置的命名空间中，例如：

- False——布尔类型的假值。
- True——布尔类型的真值。
- None——NoneType 类型的唯一值，在许多情况下用来表示空值。例如，未显式指明返回值的函数将返回 None。None 的逻辑值为假。

在程序中，可以对使用比较频繁的字面常量进行命名，我们一般通过约定俗成的变量名全大写的形式来表示常量。例如：

```
PI = 3.14159
```

其实，Python 并不支持这样的命名常量，这里的 PI 依然是变量，只是约定在程序运行过程中值不改变的变量为命名常量而已。

2.3 数据类型

程序设计的目的是存储和处理数据，不同类型的数据有不同的存储方式和处理规则。Python 提供了 6 种标准数据类型：Number(数字)、String(字符串)、List(列表)、Tuple(元组)、Dictionary(字典)和 Set(集合)。

2.3.1 数字类型

数字类型是 Python 的基本数据类型，包含整型(int)、浮点型(float)、复数类型(complex)和布尔类型(bool) 4 种。

1. 整型

整型就是整数类型，与数学中的整数概念一致。

在 Python 中，整数有 4 种表示方式。

- 十进制方式：没有前缀，如 31、365 和-28。
- 二进制方式：以 0B 或 0b 为前缀，其中第一个字符是数字 0，如 0b11111、0b101100100 和-0B11100。
- 八进制方式：以 0O 或 0o 为前缀，其中第一个字符是数字 0，如 0o37、0o555 和-0O34。
- 十六进制方式：以 0X 或 0x 为前缀，其中第一个字符是数字 0，如 0x1f、0x16d 和-0X1c。

使用 Python 内置函数 bin(number)、oct(number)和 hex(number)，可以将整数 number 分别转换成相应的二进制、八进制和十六进制表示方式。

在 shell 中，可以利用 help()函数查阅 bin()、oct()和 hex()函数的使用方法：

```
>>> help(bin)
Help on built-in function bin in module builtins:

bin(number, /)
```

```
    Return the binary representation of an integer.

    >>> bin(2796202)
    '0b1010101010101010101010'

>>> help(oct)
Help on built-in function oct in module builtins:

oct(number, /)
    Return the octal representation of an integer.

    >>> oct(342391)
    '0o1234567'

>>> help(hex)
Help on built-in function hex in module builtins:

hex(number, /)
    Return the hexadecimal representation of an integer.

    >>> hex(12648430)
    '0xc0ffee'
>>>
```

下面在 shell 中演示整数的表示方式，如下所示：

```
>>> 0b11111
31
>>> 0o37
31
>>> 0x1f
31
>>> bin(365)
'0b101101101'
>>> oct(365)
'0o555'
>>> hex(365)
'0x16d'
>>>
```

对于整型数据来说，Python 几乎可以精确计算到任何位数，唯一的限制就是计算机可用的内存大小。

在 Python 中，我们可以精确地表示 2 的 100 次幂，甚至表示更大的整数。

```
>>> 2 ** 100
1267650600228229401496703205376
>>>
```

2. 浮点型

浮点型就是实数类型，表示带有小数的数据类型，又称浮点数。Python 语言要求浮点数必须带有小数，以便与整数区分。例如，9 是整数，9.0 是浮点数。虽然在数值上 9 与 9.0 相同，但这两个数在计算机内部的存储方式和计算处理方式是不同的。

浮点数有两种表示方式。

- 十进制方式，如 9.0、3.14159 和 1267650600228229401496703205376.0。
- 科学记数法，采用 aEn 或 aen 的方式，等价于 $a\times10^n$。其中，a 为尾数部分，是一个十进制数；n 为指数部分，是一个十进制整数；E 或 e 是固定字符，用于分隔尾数部分和指数部分。例如，3.14e−5 = 3.14×10^{-5} = 0.0000314。

在 Python 中，如果计算 2.0 的 100 次幂，将得到一个近似值，以科学记数法表示如下：

```
>>> 2.0 ** 100
1.2676506002282294e+30
>>>
```

3. 复数类型

复数类型用于表示数学中的复数。复数由实部和虚部构成，在 Python 中，复数的虚部以 j 或 J 作为后缀，具体格式为：

```
a + bj
```

其中，a、b 都为实数，a 为实部，b 为虚部。

注意，复数必须包含表示虚部的实数以及后缀 j 或 J。例如：

```
>>> x = 1 + 2j
>>> x
(1+2j)
>>> type(x)
<class 'complex'>
>>>
```

使用 x.real 和 x.imag 可以分别求出复数 x 的实部和虚部：

```
>>> x.real
1.0
>>> x.imag
2.0
>>>
```

4. 布尔类型

布尔类型可以看作一种特殊的整型，只有两个值：True(真)和 False(假)。如果要对布尔值进行数值运算，True(真)会被当作整数 1，False(假)会被当作整数 0。

布尔类型也称为逻辑类型，用于表示逻辑数据。Python 中的每一个对象都具有布尔值(True 或 False)，因而可用于布尔测试，比如用在 if 或 while 结构中。利用 Python 内置的 bool()函数，可以求出对象的布尔值。

以下对象的布尔值都是 False：None、False、整型 0、浮点型 0.0、复数类型 0.0+0.0j、空字符串""、空列表[]、空元组()和空字典{}。例如：

```
>>> a = 0
>>> bool(a)
False
>>> b = 0.0
>>> bool(b)
False
>>> c = None
>>> bool(c)
False
>>> d = []        # 空列表
>>> bool(d)
False
>>>
```

2.3.2　字符串类型

文本信息处理是计算机解决实际问题时的一项主要内容。文本信息在程序中使用字符串类型来表示。

1. 字符串的表示方法

(1) Python 中的字符串是用一对单引号 ' 或者一对双引号 "，抑或一对三引号'''或"""(三个连续的单引号或双引号)引起来的字符序列。注意，起始和末尾的引号必须是一致的。字符串的内容可以包含字母、标点、数字、特殊符号、中文、日文等全世界的所有文字。例如：

```
>>> s1 = "It's a book."
>>> print(s1)
It's a book.
>>>
>>> s2 = 'He said:"It is your book."'
>>> print(s2)
He said:"It is your book."
>>>
>>> s3 = '''He said:"It's a book."'''
>>> print(s3)
He said:"It's a book."
>>>
>>> s4 = """你好！
欢迎学习“Python 语言程序设计”课程。
学好 Python 语言非常重要，
因为它能教会你如何思考。"""
>>> print(s4)
你好！
欢迎学习“Python 语言程序设计”课程。
学好 Python 语言非常重要，
```

```
因为它能教会你如何思考。
>>>
```

如何使用 Python 字符串中的单引号、双引号和三引号呢？

- 如果字符串的内容中出现了单引号，可以使用一对双引号。
- 如果字符串的内容中出现了双引号，可以使用一对单引号。
- 如果字符串的内容中既有单引号又有双引号，可以使用一对三引号。
- 如果字符串的内容很长，需要换行表示，可以使用一对三引号。

注意：当程序中有大段文本内容需要定义成字符串时，推荐使用三引号的长字符串形式，因为这种形式可以在字符串中放置任何内容，包括换行符、单引号和双引号。

(2) 当需要在字符串中使用特殊字符时，就需要对它们进行转义。Python 中的转义字符如表 2-1 所示。

表 2-1　转义字符

转义字符	描 述	转义字符	描 述
\(在行尾时)	续行符	\n	换行
\\	反斜杠	\v	纵向制表符
\'	单引号	\t	横向制表符
\"	双引号	\r	回车
\a	响铃	\f	换页
\b	退格	\oyy	八进制数，yy 代表的字符
\e	转义	\xyy	十六进制数，yy 代表的字符
\000	空	\other	其他的字符以普通格式输出

例如：

```
>>> s5 = "你好，\n 欢迎学习 Python 语言！"
>>> print(s5)
你好，
欢迎学习 Python 语言！
>>>
```

(3) Python 字符串中的反斜杠 \ 有着特殊的作用——转义字符。转义字符有时会带来一些麻烦，例如，要想输出包含 Windows 路径 D:\Program Files\Python 3.8\newpython.py 的字符串，在 Python 程序中直接写是不行的，我们需要对字符串中的反斜杠 \ 进行转义，写成 D:\\Program Files\\Python 3.8\\newpython.py：

```
>>> s6 = "D:\Program Files\Python 3.8\newpython.py"
>>> print(s6)
D:\Program Files\Python 3.8
ewpython.py
>>>
>>> s7 = "D:\\Program Files\\Python 3.8\\newpython.py"
```

```
>>> print(s7)
D:\Program Files\Python 3.8\newpython.py
>>>
```

这种写法特别麻烦。为了解决转义字符的问题，Python 支持原始字符串。在原始字符串中，反斜杠 \ 不会被当作转义字符，所有的内容都保持“原汁原味”。

在普通字符串或长字符串的开头加上 r 前缀，它们就变成了原始字符串，例如：

```
>>> s8 = r"D:\Program Files\Python 3.8\newpython.py"
>>> print(s8)
D:\Program Files\Python 3.8\newpython.py
>>>
```

2. 字符串的索引和切片

Python 字符串是不可变的字符序列。

所谓**序列**，指的是一块连续的可存放多个值的内存空间，这些值按一定顺序排列，可通过所在位置的编号(称为**索引**)访问它们。

在 Python 中，序列元素的编号(索引)包括两种序号体系：一种是正向递增序号，从起始元素开始，索引值从 0 开始递增；另一种是反向递减序号，从最后一个元素开始，索引值从-1 开始递减，如图 2-1 所示。

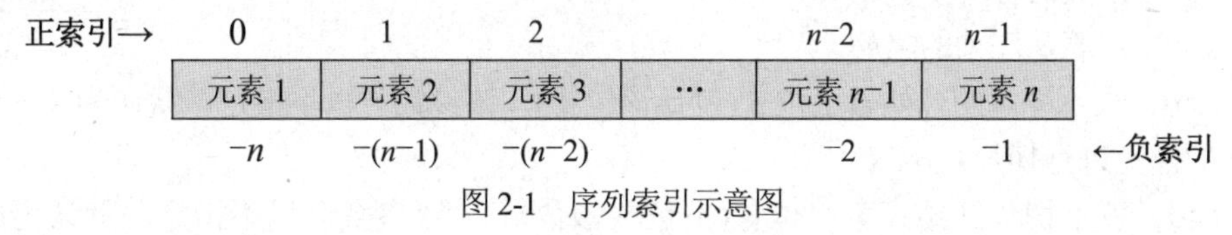

图 2-1　序列索引示意图

无论采用正索引值还是负索引值，都可以访问序列中的元素。以字符串为例：

```
>>> s = "我们一定能学好“Python 语言程序设计”！"
>>> s
'我们一定能学好“Python 语言程序设计”！'
>>> s[0]                    # 使用正索引访问第 1 个字符
'我'
>>> s[8]                    # 使用正索引访问第 9 个字符
'P'
>>> s[-1]                   # 使用负索引访问最后一个字符
'！'
>>> s[-8]                   # 使用负索引访问倒数第 8 个字符
'语'
>>>
```

可以利用 Python 内置函数 len()求出字符串的长度，即字符串所含字符的个数，越界访问系统会报出错误信息 IndexError: string index out of range。例如：

```
>>> s = "我们一定能学好“Python 语言程序设计”！"
>>> len(s)
22
```

```
>>> s[22]
Traceback (most recent call last):
  File "<pyshell#12>", line 1, in <module>
    s[22]
IndexError: string index out of range
>>>
```

Python 字符串是不可变序列，不允许通过赋值改变字符串中某个字符的值，否则系统会报出 TypeError: 'str' object does not support item assignment 的错误信息。例如：

```
>>> s = "我们一定能学好“Python 语言程序设计”！"
>>> s[0] = '你'
Traceback (most recent call last):
  File "<pyshell#90>", line 1, in <module>
    s[0] = '你'
TypeError: 'str' object does not support item assignment
>>>
```

切片是访问序列元素的另一种方法，通过切片可以访问一定范围内的元素，从而生成一个新的序列。切片操作的语法格式如下：

```
sname[start: end: step]
```

其中，各参数的含义如下。

- sname：表示序列的名称。
- start：表示切片的开始索引位置(包括该位置)，该参数可以不指定，默认为 0，从序列的开头进行切片。
- end：表示切片的结束索引位置(不包括该位置)，该参数可以不指定，默认为序列的长度。
- step：表示在切片过程中，要隔几个存储位置(包含当前位置)取一次元素。也就是说，如果 step 的值大于 1，那么当通过切片获取序列元素时，将会“跳跃式”地获取元素。如果省略设置 step 的值，那么最后一个冒号可以省略。

以字符串为例：

```
>>> s = "我们一定能学好“Python 语言程序设计”！"
>>> s[7:-1]
'“Python 语言程序设计”'
>>> s[7:]
'“Python 语言程序设计”！'
>>> s[:-1:3]
'我定好 yo 言设'
>>> s[:7]
'我们一定能学好'
>>> s[::-1]                    # 输出字符串 s 的逆序结果
'！”计设序程言语 nohtyP“好学能定一们我'
>>>
```

3. 使用 format()方法格式化字符串

程序的运行结果很多时候是以字符串的形式输出的，为了实现输出的灵活性，Python 语言提供了用于格式化字符串的 format()方法，以解决字符串和变量同时输出时的格式化问题，具体操作方法如下：

```
<模板字符串>.format(<以逗号分隔的参数>)
```

其中，模板字符串由字符和一系列槽组成，槽用来控制字符串中嵌入值出现的位置和格式；槽用大括号{}表示，对应 format()方法中以逗号分隔的参数，可通过位置(如{1})或关键字(如{name})指出替换目标以及将要插入的参数；输出时，可使用参数表中的各个参数的值替换模板字符串中的槽，并按槽设定的格式进行输出。例如：

```
>>> str1 = '{0}的计算机成绩是{1}，{0}的数学成绩是{2}'
>>> print(str1.format('李晓明',90,85))
李晓明的计算机成绩是 90，李晓明的数学成绩是 85
>>>
```

大括号{}中的替换字段是位置参数的数字索引，索引指定了哪个参数将被插入槽中。像 Python 中的约定一样，索引从 0 开始。

如果模板字符串有多个槽，且槽内没有数字索引，则按照槽出现的顺序，依次对应 format()方法中出现的不同参数。例如：

```
>>> str2 = '{name}的计算机成绩是{cs}，{name}的数学成绩是{ms}'
>>> print(str2.format(cs=90,ms=85,name='李晓明'))
李晓明的计算机成绩是 90，李晓明的数学成绩是 85
>>>
```

此时，大括号{}中的替换字段是关键字参数的名称，与关键字参数对应的值将被插入槽中。

format()方法中的槽，除了参数序号之外，还可以包括填充、对齐、宽度、数值千分位分隔符、精度和类型 6 个字段的格式控制标记，语法格式如下：

```
{<参数序号>:<格式控制标记>}
```

其中，格式控制标记用来控制参数的显示格式，格式控制标记的内容与含义如表 2-2 所示。

表 2-2 格式控制标记的内容与含义

格式标记	含 义
填充	用于填充指定空白处的单个字符
对齐	<表示左对齐，>表示右对齐，^表示居中对齐
宽度	设定与槽对应的参数值的输出宽度
,	数值千分位分隔符，用于整数和浮点数
精度	浮点数小数部分的保留位数/字符串的最大输出长度

(续表)

格式标记	含 义
类型	b：将十进制数自动转换成二进制表示形式，然后进行格式化输出 c：将十进制整数自动转换成对应的 Unicode 字符 d：十进制整数 e 或 E：转换成科学记数法表示形式，然后进行格式化输出 f：转换为浮点数(默认小数点后保留 6 位)，然后进行格式化输出 o：将十进制数自动转换成八进制表示形式，然后进行格式化输出 x 或 X：将十进制数自动转换成十六进制表示形式，然后进行格式化输出 s：对字符串类型进行格式化 #：输出二进制、八进制和十六进制数据的前缀 %：输出浮点数的百分比形式(默认显示小数点后 6 位)

这些格式控制标记可以组合使用，每个字段都是可选项，不用时保持默认格式即可。例如，一些常用的字符串格式控制 format()方法如下：

```
>>> str3 = "学校名称：{:*^12s}\t 网址：{:s}"
>>> print(str3.format("大连民族大学","https://www.dlnu.edu.cn"))
学校名称：***大连民族大学*** 网址：https://www.dlnu.edu.cn
>>>
>>> print("结果是：{:.2f}(保留两位小数)".format(3.1415926))
结果是：3.14(保留两位小数)
>>>
>>> print("100 的十六进制：{:#x}".format(100))
100 的十六进制：0x64
>>>
>>> print("{0}的科学记数法：{0:E}".format(31415.926))
31415.926 的科学记数法：3.141593E+04
>>>
>>> print("{0}的百分比表示为：{0:.1%}".format(0.169))
0.169 的百分比表示为：16.9%
>>>
```

4. 字符串的基本操作方法

(1) 字符串的基本运算。Python 语言提供了一些基本的字符串运算符，以便进行字符串的连接、比较及判断子串等运算，如表 2-3 所示。

表 2-3 字符串的运算符及功能描述

运算符	功能描述
+	s1 + s2：连接字符串 s1 和 s2
*	s * *n* 或 *n* * s：将字符串 s 自身连接 *n* 次
in	s1 in s：如果 s1 是 s 的子串，则返回 True，否则返回 False

(续表)

运算符	功能描述
not in	s1 not in s：如果 s1 不是 s 的子串，则返回 True，否则返回 False
<、<=、>、>= ==、!=	s1 < s2：如果 s1 小于 s2，则返回 True，否则返回 False。这里比较的是两个字符串中对应字符的 Unicode 编码值，例如，'abcd' < 'ac'，因此返回 True。其他运算符与<类似

相关示例如下：

```
>>> s1 = "武汉加油!"
>>> s2 = "中国加油!"
>>> s = s1 + s2
>>> s
'武汉加油!中国加油!'
>>> s1 * 3
'武汉加油!武汉加油!武汉加油!'
>>> 3 * s2
'中国加油!中国加油!中国加油!'
>>> "加油" in s
True
>>>
```

(2) 字符串处理函数。Python 语言提供了一些有关字符串处理的内置函数，如表 2-4 所示。

表 2-4　字符串处理函数及功能描述

函数	功能描述
len(x)	返回字符串 x 的长度，也可返回其他组合数据类型的元素个数
str(x)	返回数字类型 x 对应的字符串
chr(x)	返回 Unicode 编码 x 对应的字符
ord(x)	返回字符 x 对应的 Unicode 编码

相关示例如下：

```
>>> s
'武汉加油!中国加油!'
>>> len(s)
10
>>> str(9)
'9'
>>> str(3.14e10)
'31400000000.0'
>>> ord('国')
22269
>>> chr(22270)
'图'
```

```
>>> chr(0x266B)
'♫'
>>> chr(0x2708)
'✈'
>>>
```

(3) 字符串处理方法。“方法”是面向对象程序设计中的概念，用来描述对象具有的行为。Python 是面向对象的程序设计语言，在 Python 解释器内部，所有数据类型都采用面向对象方式实现，具有相应的处理方法。Python 内置的字符串类型的“方法”可以利用 dir(s)函数得到，这里的 s 是任何字符串类型的变量或常量：

```
>>> dir(s)
['__add__', '__class__', '__contains__', '__delattr__', '__dir__', '__doc__', '__eq__', '__format__', '__ge__', '__getattribute__', '__getitem__', '__getnewargs__', '__gt__', '__hash__', '__init__', '__init_subclass__', '__iter__', '__le__', '__len__', '__lt__', '__mod__', '__mul__', '__ne__', '__new__', '__reduce__', '__reduce_ex__', '__repr__', '__rmod__', '__rmul__', '__setattr__', '__sizeof__', '__str__', '__subclasshook__', 'capitalize', 'casefold', 'center', 'count', 'encode', 'endswith', 'expandtabs', 'find', 'format', 'format_map', 'index', 'isalnum', 'isalpha', 'isascii', 'isdecimal', 'isdigit', 'isidentifier', 'islower', 'isnumeric', 'isprintable', 'isspace', 'istitle', 'isupper', 'join', 'ljust', 'lower', 'lstrip', 'maketrans', 'partition', 'replace', 'rfind', 'rindex', 'rjust', 'rpartition', 'rsplit', 'rstrip', 'split', 'splitlines', 'startswith', 'strip', 'swapcase', 'title', 'translate', 'upper', 'zfill']
>>>
```

一些常用的字符串处理方法及功能描述如表 2-5 所示。

表 2-5 常用的字符串处理方法及功能描述

方法	功能描述
s.lower()	转换字符串 s 中的所有英文字符为小写
s.upper()	转换字符串 s 中的所有英文字符为大写
s.capitalize()	将字符串 s 的第一个字符转换为大写
s.title()	返回“标题化”的字符串，即所有英文单词都以大写开始
s.swapcase()	将字符串 s 中的所有大写英文字符转换为小写，而将所有小写字符转换为大写
s.split(sep,n)	将字符串 s 分解为列表，sep 为分隔符(默认为空格)，*n* 为分解出的子串个数(默认为所有子串)
s.replace(s1,s2,n)	将字符串 s 中的 s1 替换成 s2，如果设置了参数 *n*，则替换前 *n* 个字符
s.find(s1)	检测字符串 s1 是否包含在字符串 s 中，如果包含，则返回字符串 s1 在字符串 s 中开始出现时的索引值，否则返回-1
s.count(s1)	返回字符串 s1 在字符串 s 中出现的次数
s.isnumeric()	如果字符串 s 中只包含数字字符，则返回 True，否则返回 False
s.isalpha()	如果字符串 s 中都是字母或汉字，则返回 True，否则返回 False
s.strip()	去掉字符串 s 中左侧和右侧出现的空白字符
s.strip(chars)	去掉字符串 s 中左侧和右侧使用 chars 指定的字符
s.center(width,fch)	返回一个指定了宽度 width 且居中的字符串 s，fch 为填充字符，默认为空格
s.join(seq)	以指定的字符串 s 作为分隔符，将 seq 中的所有元素(字符串表示)合并为一个新的字符串

相关示例如下：

```
>>> s = "人生苦短，我用 Python!"
>>> s.upper()
'人生苦短，我用 PYTHON!'
>>> s.find('我')
5
>>> s.replace('Python', 'Java')
'人生苦短，我用 Java!'
>>> ','.join(s)
'人,生,苦,短,，,我,用,P,y,t,h,o,n,!'
>>> s.split('，')
['人生苦短', '我用 Python!']
>>> s.center(30,'*')
'********人生苦短，我用 Python!********'
>>> str1 = "\n\t 演示去掉字符串两边的空白！ \n "
>>> str1
'\n\t 演示去掉字符串两边的空白！ \n '
>>> print(str1)

    演示去掉字符串两边的空白！

>>> str2 = str1.strip()
>>> print(str2)
演示去掉字符串两边的空白！
>>>
```

2.3.3 列表、元组、字典和集合简介

利用计算机解决实际问题时，不仅要处理单一的数字和字符串这样的基本数据类型，更多的是要对一组数据进行批量处理。例如，统计分析全班学生某门课程的考试成绩，以及统计分析新生入学信息，包括学号、姓名、性别、出生年月日、政治面貌、录取专业、入学成绩(数学、语文、外语、理科综合)、家庭地址、家庭概况(父母工作及健康状况、兄弟姐妹、经济收入状况)、联系电话等。组合数据类型能够将这样一些多个同类型或不同类型的数据组织起来，通过单一的表示方式，使得数据的处理更方便、更快捷、更有效。在 Python 中，组合数据类型包括列表、元组、字典和集合。

1. 初识列表

列表(list)是包含零个或多个数据的有序序列；列表中的数据可以是任何数据类型，称为元素；列表中的每个元素都对应一个从 0 开始编号的数字，称为下标，通过下标可以访问列表中的元素。使用列表，能够灵活方便地对批量数据进行组织和处理。

列表用中括号[]表示，列表中的元素则用逗号分隔。语法格式为：

```
列表名 = [数据 1, 数据 2, …, 数据 n]
```

列表创建示例：

```
>>> ls1 = []          # 空列表
```

```
>>> ls1
[]
>>> ls2 = [1,2,3,4,5]
>>> ls2
[1, 2, 3, 4, 5]
>>> ls3 = ["2019082101","张三",19,[109,128,96.5,186.5]]
>>> ls3
['2019082101', '张三', 19, [109, 128, 96.5, 186.5]]
>>> type(ls1)          # 显示 ls1 的数据类型，结果为列表<class 'list'>
<class 'list'>
>>>
```

列表是序列类型的数据结构，因此我们可以像字符串一样，以索引和切片的方式访问列表中的元素。

注意，越界访问时系统会报出 IndexError: list index out of range 的错误信息。

列表元素访问示例：

```
>>> ls2 = [1, 2, 3, 4, 5]
>>> ls2[0]
1
>>> ls2[3]
4
>>> ls2[-1]
5
>>> ls2[::2]
[1, 3, 5]
>>> ls2[::-1]        # 逆序输出
[5, 4, 3, 2, 1]
>>> ls2[5]           # 越界访问
Traceback (most recent call last):
  File "<pyshell#98>", line 1, in <module>
    ls2[5]
IndexError: list index out of range
>>>
```

Python 中的列表是可变序列类型，允许通过赋值改变列表中某个元素的值。例如：

```
>>> ls2 = [1,2,3,4,5]
>>> ls2[0] = 99
>>> ls2              # 改变后的 ls2 列表
[99, 2, 3, 4, 5]
>>>
```

考虑如下问题：如果要统计分析全班学生某门课程的考试成绩，通常情况下，我们需要做什么？假设考试成绩以列表的形式给出：

```
scores = [42, 85, 84, 91, 73, 97, 73, 72, 60, 84, 79, 69, 57, 42, 48,
          88, 86, 97, 90, 86, 81, 99, 57, 63, 97, 85, 67, 78, 51, 82]
```

一般来说，我们需要知道本次考试的最高分、最低分、平均分、优秀率、及格率、各分数段人数、排名情况、中位数和直方图等。

求最高分(最低分)，可归结为在有限的数据集合中求最大值(最小值)的问题；求平均分，可归结为在有限的数据集合中求数据的和与数据个数的问题；排名情况，可归结为数据集的排序问题。请思考一下应该如何求解这些问题。

这些问题，不久以后我们就能够很轻松地通过编程进行求解。但是，对于 Python 语言程序设计来说，我们更应该学会充分利用内置函数和第三方库来求解相关问题。

对于统计分析考试成绩这个问题，我们可以利用内置函数 max()、min()、sum()、len()和 sorted()，分别求出最高分、最低分、总分、平均分等。示例如下：

```
>>> scores = [ 42, 85, 84, 91, 73, 97, 73, 72, 60, 84, 79, 69, 57, 42, 48,
               88, 86, 97, 90, 86, 81, 99, 57, 63, 97, 85, 67, 78, 51, 82 ]
>>> max(scores)                    # 求最高分，即列表元素的最大值
99
>>> min(scores)                    # 求最低分，即列表元素的最小值
42
>>> sum(scores)                    # 求总分，即列表元素的和
2263
>>> len(scores)                    # 求参加考试的人数，即列表元素的个数(列表长度)
30
>>> sum(scores) / len(scores)      # 求平均分
75.43333333333334
>>> sorted(scores)                 # 进行排序，按升序输出
[42, 42, 48, 51, 57, 57, 60, 63, 67, 69, 72, 73, 73, 78, 79, 81, 82, 84, 84, 85, 85, 86, 86, 88, 90, 91, 97, 97, 97, 99]
>>>
```

2. 初识元组

元组(tuple)是用一对圆括号括起来的多个元素的有序集合，各元素之间用逗号分隔；元组是不可变序列类型，可以看作具有固定值的列表；对元组的访问与列表类似，但元组创建后不能修改。

与列表相比，元组的优点是：占用的内存空间较小；不会意外修改元组的值；操作速度快；可以作为字典的键以及集合的成员。

创建元组的语法格式为：

```
元组名 = (数据 1, 数据 2, …, 数据 n)
```

元组创建示例：

```
>>> tp1 =()          # 空元组
>>>tp1
()
>>> tp2 = (1,2,3,4,5)
>>> tp2
(1, 2, 3, 4, 5)
>>> tp3 = ("2019082101","张三",19,(109,128,96.5,186.5))
>>> tp3
('2019082101', '张三', 19, (109, 128, 96.5, 186.5))
>>> type(tp1)        # 显示 tp1 的数据类型，结果为元组<class 'tuple'>
```

```
<class 'tuple'>
>>>
```

元组是序列类型的数据结构，因而我们能够以索引和切片的方式访问元组中的元素，越界访问时系统会报出 IndexError: tuple index out of range 的错误信息。

元组元素访问示例：

```
>>> tp3 = ("2019082101","张三",19,(109,128,96.5,186.5))
>>> tp3[0]
'2019082101'
>>> tp3[-1]
(109, 128, 96.5, 186.5)
>>> tp3[1:]
('张三', 19, (109, 128, 96.5, 186.5))
>>> tp3[::-1]
((109, 128, 96.5, 186.5), 19, '张三', '2019082101')
>>> tp3[4]
Traceback (most recent call last):
  File "<pyshell#129>", line 1, in <module>
    tp3[4]
IndexError: tuple index out of range
>>>
```

Python 中的元组是不可变序列，不允许通过赋值改变元组中某个元素的值，否则系统会报出 TypeError: 'tuple' object does not support item assignment 的错误信息。例如：

```
>>> tp2 = (1,2,3,4,5)
>>> tp2[0] = 99
Traceback (most recent call last):
  File "<pyshell#132>", line 1, in <module>
    tp2[0] = 99
TypeError: 'tuple' object does not support item assignment
>>>
```

另外，在创建只有一个元素的元组时，要在元素的后面添加一个逗号，否则创建的将是整数对象而不是元组。例如：

```
>>> tp4 = (1,)
>>> tp4
(1,)
>>> type(tp4)
<class 'tuple'>
>>> tp5 = (1)
>>> tp5
1
>>> type(tp5)
<class 'int'>
>>>
```

对于元组来说，使用内置函数 max()、min()、sum()和 len()，同样可以得到元素的最大值、最小值、所有元素的和以及元组所含元素的个数(即元组的长度)；利用 sorted()函数，可以对元组中的数据进行升序排列。示例如下：

```
>>> tp6 = (109, 128, 96.5, 186.5)
>>> max(tp6)
186.5
>>> min(tp6)
96.5
>>> sum(tp6)
520.0
>>> len(tp6)
4
>>> sorted(tp6)
[96.5, 109, 128, 186.5]
>>>
```

3. 初识字典

字典(dict)是用一对花括号{}括起来的“键:值”对元素的集合，元素之间用逗号隔开，没有顺序关系；“键”是关键字，“值”是与关键字相关的信息，一个“键”对应一个“值”；通过“键”可以访问与之关联的“值”，反之则不行。

在字典中，每个元素的“键”必须是唯一的，不能重复，但“值”可以重复；“键”必须是不可变类型，整数、浮点数、布尔值、字符串和元组等都可以作为字典的“键”。

在实际应用中有很多“键:值”对方面的例子，例如“学号(键):学生信息(值)”“姓名(键):电话号码(值)”“课程名(键):考试成绩(值)”等。以字典方式组织数据，就可以很方便地实现按关键字(键)查找和读取相应的信息(值)。

创建字典的语法格式为：

```
字典名 = {键 1:值 1,键 2:值 2,键 3:值 3,…,键 n:值 n}
```

字典创建示例：

```
>>> dict1 = {}          # 空字典
>>> dict1
{}
>>> dict2 = {"2019082101":"张三","2019082102":"李四","2019082103":"王五"}
>>> dict2
{'2019082101': '张三', '2019082102': '李四', '2019082103': '王五'}
>>> dict3 = {"数学":109,"语文":128,"外语":96.5,"理综":186.5}
>>> dict3
{'数学': 109, '语文': 128, '外语': 96.5, '理综': 186.5}
>>> type(dict3)         # 显示字典的数据类型
<class 'dict'>
>>>
```

字典可以根据“键”访问“值”，如果“键”不在字典中，系统会报出 KeyError:的错误信息。

字典是可变数据类型，可以通过“字典名[键] = 值”的形式来修改和插入元素。如果在字典中没有找到指定的“键”，则在字典中插入一个“键:值”对；如果找到了，则用指定的“值”替换现有值。例如：

```
>>> dict3 = {"数学":109,"语文":128,"外语":96.5,"理综":186.5}
>>> dict3["外语"]
96.5
>>> dict3["物理"]                # "键"不存在，系统报错
Traceback (most recent call last):
  File "<pyshell#171>", line 1, in <module>
    dict3["物理"]
KeyError: '物理'
>>> dict3["外语"] = 135          # 修改"键"对应的值
>>> dict3
{'数学': 109, '语文': 128, '外语': 135, '理综': 186.5}
>>> dict3["物理"] = 100          # "键"不存在，插入一个"键:值"对
>>> dict3                        # 修改和插入后的新字典
{'数学': 109, '语文': 128, '外语': 135, '理综': 186.5, '物理': 100}
>>>
```

4. 初识集合

Python 中的集合(set)和数学中的集合一样，它们都用来保存不重复的元素，集合中的元素是唯一的、互不相同。

集合只能存储不可变数据类型，包括整型、浮点型、字符串和元组等，而无法存储列表、字典和集合等可变数据类型，否则 Python 解释器会报出 TypeError:unhashable type:的错误信息。

创建集合的语法格式为：

```
集合名 = {元素 1,元素 2,元素 3,…,元素 n }
```

从形式上看，集合与字典类似，它们都将所有元素放在一对花括号{}中，相邻元素之间用逗号分隔。如果有重复的元素，那么只保留其中一个。

不包含任何元素的集合被称为空集合，可以使用 set()创建空集合。

注意：使用一对空的花括号{}创建的不是空集合，而是空字典。

集合创建示例：

```
>>> set1 = set()                      # 创建空集合
>>> set1
set()
>>> type(set1)                        # 显示 set1 的类型，结果为集合<class 'set'>
<class 'set'>
>>> set2 = {}                         # 创建空字典
>>> set2
{}
>>> type(set2)                        # 显示 set2 的类型，结果为字典<class 'dict'>
<class 'dict'>
>>> set3 = {1,2,2,3,3,3}              # 集合会去掉重复的元素而仅保留其中一个
>>> set3
{1, 2, 3}
>>> set4 = {2,3.14,"red",(1,2,3)}
>>> set4
{2, 3.14, 'red', (1, 2, 3)}
>>> set5 = {2,3.14,"red",[1,2,3]}     # 集合中的元素不能是可变数据类型
```

```
Traceback (most recent call last):
  File "<pyshell#189>", line 1, in <module>
    set5 = {2,3.14,"red",[1,2,3]}
TypeError: unhashable type: 'list'
>>>
```

集合通常用来去掉数据集中重复的元素，如果不关心元素的顺序，使用集合存储数据相比使用列表效率更高。

2.4 类型判断和类型间转换

2.4.1 类型判断

Python 内置函数 type(x)用于对变量 x 进行类型判断，适用于任何数据类型，我们在之前的数据类型示例中已经演示过，此处不再赘述。

2.4.2 类型间转换

有时候，我们需要对数据的类型进行转换。Python 中的数据类型转换有两种方式：隐式类型转换与强制类型转换。

1. 隐式类型转换

隐式类型转换不需要编程人员书写额外的代码，而由 Python 解释器自动完成，通常出现在混合运算和条件判断等场合中。

例如，在对整数与浮点数进行混合运算时，Python 解释器会自动将整数转换为浮点数并进行运算，得到的结果是浮点数。

2. 强制类型转换

强制类型转换也称显式类型转换，需要编程人员使用专门的函数书写相关的类型转换代码，才能完成相应的数据类型转换。

一些常用的类型转换函数及功能描述如表 2-6 所示。

表 2-6　常用的类型转换函数及功能描述

类型转换函数	功能描述
int(x)	将符合数学格式的数字型字符串 x 转换成整数，或将浮点数转换成整数，但只是简单地取整而非四舍五入
float(x)	将整数和符合数学格式的数字型字符串 x 转换成浮点数
str(x)	将对象 x 转换为字符串，x 可以是整数或浮点数
eval(x)	用来计算字符串 x 的有效 Python 表达式并返回一个对象
list(s)	将序列 s 转换为列表
tuple(s)	将序列 s 转换为元组

(续表)

类型转换函数	功能描述
dict(s)	将键值对类型的元组序列 s 转换为字典
set(s)	将字符串、列表、元组转换为集合(列表和元组中不能含有可变对象)，而将字典转换为“键”的集合

相关示例如下：

```
>>> int("999")
999
>>> int(9.8)
9
>>> float(3)
3.0
>>> float("3.14159")
3.14159
>>> str(9)
'9'
>>> eval("999")
999
>>> eval("9.8")
9.8
>>> eval("3 + 4.5")
7.5
>>> list("我在学 Python 语言！")
['我', '在', '学', 'P', 'y', 't', 'h', 'o', 'n', '语', '言', '！']
>>> list((1,2,3))
[1, 2, 3]
>>> tuple([1,2,3])
(1, 2, 3)
>>> dict([("高数",98),("英语",88),("Python 语言",100)])
{'高数': 98, '英语': 88, 'Python 语言': 100}
>>> set([1,2,2,3,3,3])
{1, 2, 3}
>>> set({'高数': 98, '英语': 88, 'Python 语言': 100})
{'Python 语言', '高数', '英语'}
>>> set((1,2,[1,2,3]))
Traceback (most recent call last):
  File "<pyshell#250>", line 1, in <module>
    set((1,2,[1,2,3]))
TypeError: unhashable type: 'list'
>>>
```

2.5 基本输入输出函数

2.5.1 input()函数

input()是 Python 内置函数，功能是接收标准的输入数据。无论用户输入什么内容，input()函数都以字符串类型返回结果。input()函数可以包含一些提示性文字，它们以字符串的形式出现，用来提示用户需要输入的数据，通常情况下的使用方式如下：

```
变量名 = input("提示性文字")
```

示例如下：

```
>>> n = input("请输入一个整数：")
请输入一个整数：123                    # 出现提示性文字，输入 123，按 Enter 键
>>> n                                 # 显示变量 n 的值，结果是字符串'123'而不是整数
'123'
>>> type(n)                           # 显示变量 n 的类型，结果是<class 'str'>
<class 'str'>
>>>
```

需要注意，无论用户输入的是字符还是数字，input()函数都按字符串类型输出。

如果需要获得数字，通常情况下的做法是使用 eval()函数进行数据类型转换，例如：

```
>>> n = eval(input("请输入一个整数："))
请输入一个整数：123                    # 出现提示性文字，输入 123，按 Enter 键
>>> n                                 # 显示变量 n 的值，结果是整数 123
123
>>> type(n)                           # 显示变量 n 的类型，结果是<class 'int'>
<class 'int'>
>>>
```

2.5.2 print()函数

print()也是 Python 内置函数，功能是输出运算结果。print()函数的语法格式如下：

```
print(*objects, sep=' ', end='\n', file=sys.stdout)
```

其中，各参数的具体含义如下。

- objects：表示输出的对象，输出多个对象时，用逗号分隔。
- sep：用来分隔多个输出对象，默认为一个空格。
- end：用来设定本次输出以什么结尾，默认是换行符\n。
- file：表示想要写入的文件对象，默认是标准输入输出。

示例如下：

```
>>> a, b = 2, 3                       # 分别将变量 a 和 b 赋值为 2 和 3
>>> print(a,b)                        # 输出变量 a 和 b 的值，以默认的空格隔开
2 3
```

```
>>> print(a,b,sep=',')                    # 输出变量 a 和 b 的值，以逗号隔开
2,3
>>> print("a =",a,"b =",b)                # 将字符串与变量交替输出
a = 2 b = 3
>>> print("a =",a,"\nb =",b)              # 在第二个字符串前添加\n，使变量 b 换行输出
a = 2
b = 3
>>> print("a + b =",a+b,end='    ***')    # 更改 end 的默认值，以空格和 3 个*结尾
a + b = 5    ***
>>> print("数字{}和数字{}的和是{}".format(a,b,a+b))    # 使用格式化输出方法 format()
数字 2 和数字 3 的和是 5
>>>
```

2.6 运算符

运算符是用来表示各种不同运算的符号。Python 提供了多种运算符，可以方便地实现各种运算。Python 中的运算符可以分为算术运算符、比较运算符、逻辑运算符、赋值运算符、成员运算符、身份运算符、位运算符等。

2.6.1 算术运算符

Python 中的算术运算符有 8 个，功能如表 2-7 所示。这些运算符的使用与数学习惯一致，运算规则及优先级顺序也与数学中的含义相同，运算结果符合数学含义。

表 2-7 算术运算符

运算符及表达式	功能描述
x + y	x 与 y 的和
x−y	x 与 y 的差
x * y	x 与 y 的积
x / y	x 与 y 的商，结果为浮点数
x // y	取整，向下取接近商的整数，丢掉任何正的小数部分
x % y	取余，返回 x 除以 y 的余数
−x	x 的负值
x ** y	x 的 y 次幂，即 x^y

通常，//和%运算符多用于整数对象。例如：

- 判断整数 *n* 的奇偶性，即计算 *n* % 2 的值，值为 0 时是偶数，值为 1 时是奇数。
- 判断整数 *n* 是否能被整数 *m* 整除，即计算 *n* % *m* 的值，值为 0 时能整除，否则不能整除。
- 求整数 *n* 的个位数，即计算 *n* % 10 的值。

- 求 3 位正整数 n 的百位数，即计算 n // 100 的值。

思考一下，怎样求 3 位正整数 n 的十位数呢？

2.6.2　比较运算符

Python 中的比较运算符有 6 个，功能如表 2-8 所示。用比较运算符连接起来的表达式一般称为关系表达式。关系表达式的结果是布尔类型的值，当关系表达式为真时，返回结果 True；而当关系表达式为假时，返回结果 False。

表 2-8　比较运算符

运算符及表达式	功能描述
x > y	大于：返回 x 是否大于 y
x < y	小于：返回 x 是否小于 y
x >= y	大于或等于：返回 x 是否大于或等于 y
x <= y	小于或等于：返回 x 是否小于或等于 y
x == y	等于：比较 x 与 y 是否相等
x != y	不等于：比较 x 与 y 是否不相等

2.6.3　逻辑运算符

Python 中的逻辑运算符有 3 个，功能如表 2-9 所示。用逻辑运算符连接起来的表达式一般称为逻辑表达式。

表 2-9　逻辑运算符

运算符及表达式	功能描述
x and y	逻辑与：如果 x 的值为 False，返回 False，否则返回 y 的值
x or y	逻辑或：如果 x 的值为 True，返回 x 的值，否则返回 y 的值
not x	逻辑非：如果 x 的值为 True，返回 False；如果 x 的值为 False，返回 True

2.6.4　赋值运算符

Python 中的赋值运算符有 8 个，功能如表 2-10 所示。

表 2-10　赋值运算符

运算符及表达式	功能描述
x = a + b	简单赋值：将 a + b 的运算结果赋值给变量 x
x += a	加法赋值：相当于 x = x + a
x -= a	减法赋值：相当于 x = x - a
x *= a	乘法赋值：相当于 x = x * a

(续表)

运算符及表达式	功能描述
x /= a	除法赋值：相当于 x = x / a
x %= a	取余赋值：相当于 x = x% a
x //= a	整除赋值：相当于 x = x // a
x **= a	幂赋值：相当于 x = x ** a

2.6.5 成员运算符

Python 中的成员运算符只有两个，功能如表 2-11 所示。

表 2-11 成员运算符

运算符及表达式	功能描述
x in s	如果 x 在 s 中，返回 True，否则返回 False
x not in s	如果 x 不在 s 中，返回 True，否则返回 False

示例如下：

```
>>> s = "我在学习 Python 语言"
>>> '我' in s
True
>>> 'p' in s
False
>>> scores = [42, 85, 84, 91, 73, 97, 73, 72, 60, 84]
>>> 72 in scores
True
>>> 100 in scores
False
>>> 100 not in scores
True
>>>
```

2.6.6 身份运算符

Python 中的身份运算符也只有两个，功能如表 2-12 所示。身份运算符用于比较两个对象的存储单元。

表 2-12 身份运算符

运算符及表达式	功能描述
x is y	判断两个标识符引用的是不是同一个对象，类似于 id(x) == id(y)。如果引用的是同一个对象，返回 True，否则返回 False
x is not y	判断两个标识符引用的是不是不同的对象，类似于 id(x) != id(y)。如果引用的不是同一个对象，返回 True，否则返回 False

示例如下：

```
>>> x = 158
>>> y = x
>>> x is y
True
>>> z = 158
>>> x is z
True
>>> a = [1,2,3,4,5]
>>> b = a
>>> a is b                    # a 和 b 引用同一个对象
True
>>> c = [1,2,3,4,5]           # 创建对象 c
>>> a == c
True
>>> a is c                    # a 和 c 的值虽然相同，但它们引用的却是不同的对象
False
>>> id(a)
1986449236480
>>> id(c)
1986449236800                 # 可以看到，a 和 c 的内存地址不同，它们引用了不同的对象
```

2.6.7 位运算符

Python 中的位运算按照数据在内存中的二进制位(bit)进行操作，一般用于底层开发，如算法设计、驱动和图像处理等。位运算的操作数可以是整型或字符型，但不能是浮点型。

Python 中的位运算符有 6 个，功能如表 2-13 所示。

表 2-13 位运算符

运算符及表达式	功能描述
a & b	按位与：如果 a、b 的二进制表示的相应位都为 1，则该位的结果为 1，否则为 0
a | b	按位或：如果 a、b 的二进制表示的相应位都为 0，则该位的结果为 0，否则为 1
a ^ b	按位异或：如果 a、b 的二进制表示的相应位不同，则该位的结果为 1，否则为 0
~ a	按位取反：把 a 的二进制表示的每一位取反，即把 1 变为 0、把 0 变为 1
a << *n*	左移位：把 a 的各二进位全部左移 *n* 位，高位丢弃，低位补 0
a >> *n*	右移位：把 a 的各二进位全部右移 *n* 位，低位丢弃，高位补 0 或 1。如果数据的最高位是 0，则补 0；如果数据的最高位是 1，则补 1

相关示例如下：

```
>>> 12 & 10                   # 12 与 10 的按位与运算
8
>>> bin(12)                   # 12 的二进制表示
'0b1100'
```

```
>>> bin(10)                    # 10 的二进制表示
'0b1010'
>>> bin(8)                     # 8 的二进制表示
'0b1000'
>>> 0o123 |0o14                # 按位或运算
95
>>> 6 << 2                     # 按位左移 n 位。如果数较小，且被丢弃的高位不包含 1，
24                             # 那么左移 n 位相当于乘以 2 的 n 次方
>>>
```

2.6.8 运算符的优先级和结合性

运算符的优先级和结合性是 Python 表达式中比较重要的两个概念，它们决定了先执行表达式的哪一部分。优先级是指在同一个表达式中多个运算符被执行的顺序，在计算表达式的值时，按优先级由高到低的顺序执行。结合性是指如果运算符的优先级相同，则按规定的结合方向(由左到右或由右到左)处理。

Python 运算符的优先级和结合性如表 2-14 所示。

表 2-14 Python 运算符的优先级和结合性一览表

运算符说明	运算符	优先级	结合性	优先级顺序
小括号	( )	1	无	高
索引运算符	x[i]或 x[i1: i2 [:i3]]	2	左	↑
属性访问	x.attribute	3	左	↑
乘方	**	4	右	↑
按位取反	~	5	右	↑
符号运算符	+(正号)、-(负号)	6	右	↑
乘除	*、/、//、%	7	左	↑
加减	+、-	8	左	↑
移位	>>、<<	9	左	↑
按位与	&	10	右	↑
按位异或	^	11	左	↑
按位或	|	12	左	↑
比较运算符	==、!=、>、>=、<、<=	13	左	↑
is 运算符	is、is not	14	左	↑
in 运算符	in、not in	15	左	↑

(续表)

运算符说明	运算符	优先级	结合性	优先级顺序
逻辑非	not	16	右	↑
逻辑与	and	17	左	↑ ↑ ↑
逻辑或	or	18	左	↑ ↑
逗号运算符	exp1, exp2	19	左	↑ 低

2.7 应用问题选讲

本章介绍了 Python 语言的基本语法，现在我们就可以利用所学的知识，编程处理一些简单的问题。

例 2-1 编写程序，实现如下功能：从键盘输入一个 3 位的正整数，输出将这个正整数的各位数字逆序排列后的结果。例如，输入 369，输出 963。

问题分析：

编写程序，说白了就是与计算机交流，让计算机帮你做事。要与计算机交流，当然就必须使用计算机能够理解的语言，在这里就是 Python 语言。其实，计算机自己并不知道要做什么、该怎么做，需要由你一步一步地告诉计算机做什么、怎么做，进而完成你要做的事情，这就是通常我们所说的算法及其实现。

这道题要让计算机做的事情很明确，也很简单，就是“告诉”计算机一个三位的正整数，然后让计算机“告诉”你对这个正整数的各位数字逆序排列后的结果是什么。

“告诉”计算机一个三位的正整数，即数据输入，可通过 input()函数来实现。

让计算机“告诉”你所要的结果，即数据输出，可通过 print()函数来实现。

现在，问题的关键是：计算机是怎么知道结果的？计算机虽然会将你从键盘输入的三位正整数保存到内存中，但它“看”不到这个数是什么，甚至不知道你输入了什么，当然也就无法“智能”地告诉你所要的结果。计算机只会计算。因此，需要由你一步一步地“告诉”计算机怎么计算，即数据处理。

从数据输入、数据处理到数据输出，将每个过程用计算机能够理解的语句写出来，形成完整的指令集，这就是程序。让计算机按照你写的程序一步一步完成所要做的事情，这就是编程。

运行 IDLE，进入 shell 界面，选择 File→New File 命令，在打开的窗口中编写如下代码：

```
'''
输入一个 3 位的正整数，
输出将各位数字逆序排列后的结果。
'''
n = eval(input("请输入一个 3 位的正整数：")) # 例如 369

a = n // 100                    # 求三位正整数 n 的百位数字
```

```
b = n // 10 % 10                                    # 求三位正整数n的十位数字
c = n % 10                                          # 求三位正整数n的个位数字
m = c * 100 + b * 10 + a                            # 求逆序排列后的三位正整数

print("{}的逆序结果是{}".format(n,m))
```

将上述代码命名为ex0201并保存到指定的文件夹中。选择Run→Run Module，进入shell界面，出现提示“请输入一个3位的正整数：”，输入369后回车，程序的输出结果为“369的逆序结果是963”，如图2-2所示。

```
======================= RESTART: E:/Python
请输入一个3位的正整数：369
369的逆序结果是963
>>>
```

图2-2　ex0201运行实例(一)

想一下该程序还有哪些不足，该如何完善。例如，如果输入250，程序的输出结果将变成“250的逆序结果是52”，如图2-3所示，这显然与题目的要求有出入。

```
======================= RESTART: E:/Python
请输入一个3位的正整数：250
250的逆序结果是52
>>>
```

图2-3　ex0201运行实例(二)

需要注意的是，一个问题可能有不止一种求解办法。特别是当我们考虑换一种数据类型的时候，对应问题的解决方案就会完全不同。就本题而言，如果将输入的内容直接使用字符串类型来表示的话，就可以利用Python字符串的切片方式来求解，具体代码示例如下：

```
'''
输入一个3位的正整数，
输出将各位数字逆序排列后的结果。
'''
n = input("请输入一个3位的正整数：")        # 例如369，注意此时369是字符串

m = n[::-1]                                 # 利用切片方式将字符串逆序

print(n,"的逆序结果是",m)
```

程序的运行结果如图2-4所示。

```
======================= RESTART: E:/Python
请输入一个3位的正整数：369
369 的逆序结果是 963
>>>
```

图2-4　ex0201运行实例(三)

例2-2　张三同学的高考成绩是：数学109分，语文128分，外语96.5分，理综186.5分。编写程序，打印(输出)张三同学的考试成绩信息。

代码示例如下：

```
'''
```

```
输出学生的考试成绩信息。
'''
name = "张三"
scores = [109,128,96.5,186.5]                # 利用列表存储学生成绩
sum1 = sum(scores)                           # 利用 sun()函数求总成绩
print('''{}你好！
你的考试成绩是：
数学{}分，语文{}分，外语{}分，理综{}分，总成绩{}分。
'''.format(name,scores[0],scores[1],scores[2],scores[3],sum1))
```

程序的运行结果如图 2-5 所示。

```
Python 3.8.2 Shell
File Edit Shell Debug Options Window Help
Python 3.8.2 (tags/v3.8.2:7b3ab59, Feb 25 2020, 23:03:10) [MSC v.1916 64 bit (AM
D64)] on win32
Type "help", "copyright", "credits" or "license()" for more information.
>>>
======================= RESTART: E:/Python教材/ex0505.py =====================
==
张三你好！
你的考试成绩是：
数学109分，语文128分，外语96.5分，理综186.5分，总成绩520.0分。

>>>
```

图 2-5　例 2-2 的运行结果

就例 2-2 本身而言，意义似乎并不大，只是字符串格式化输出方法的一次练习而已。但是，如果有成百上千名学生，想要通过输入学生姓名查询指定学生的考试成绩，该如何做呢？类似的问题还有很多，请大家积极思考。我们说过，对于程序设计而言，没有最好，只有更好！

例 2-3　判断一段文本的重复率。编写程序，输入一串文本，输出文本的重复比率。

问题分析：

文本重复率是当前获取有效书评、影评或某种商品评价的一种判断方式。在当下的互联网生活中，只要我们想购买任何商品，比如在看任何书和电影之前，基本都会浏览跟它们相关的评论，并从中获取一些信息。但前提是：我们看到的评论是有效的。

有很多评论本身是无意义的简单几个字的重复，例如“啊啊啊啊啊啊啊啊啊”“好好好好好好”这类评论。这类评论我们通常称为无效评论。无效评论不应该作为我们的参考依据，所以，我们通常要做的第一件事情就是去除相关的无效评论。如何做到这一点呢？其实方法很简单。

假设 comment 是我们得到的书评，内容为"啊啊啊啊啊啊啊啊啊"，该书评是字符串类型的，长度为 9。我们先将 comment 转换为集合 set1，由于集合本身没有重复数据，我们发现 set1 集合只有一个元素{"啊"}，长度为 1。这两个数据的长度比为 9:1，这时候我们发现这条书评的重复率达到了 1−1/9。

代码示例如下：

```
'''
输出学生的考试成绩信息。
'''
Comment = input("输入一行书评：")
```

```
set1 = set(comment)                    # 将字符串转换为集合
n = 1 - len(set1)/len(comment)
print("该段书评的重复率达到：{:.2%} ".format(n))
```

程序的运行结果如图 2-6 所示。

```
========================== RESTART: E:/Python/
=========
输入一行书评：啊啊啊啊啊啊啊啊啊
该段书评的重复率达到：88.89%
```

图 2-6　例 2-3 的运行结果

2.8 习　　题

一、选择题

1．关于赋值语句，以下选项中描述错误的是(　　)。

A. 赋值语句采用符号=来表示。

B. 赋值与二元操作符可以组合，例如&=。

C. a , b = b, a 表示允许将 a 和 b 的值互换。

D. a, b, c = c, b, a 是不合法的。

2．表达式 22 % 3 的输出结果是(　　)。

A. 7　　B. 0　　C. 1　　D. −5

3．以下选项中不是 Python 语言合法命名的是(　　)。

A. MySum5　　B. _Mysum_　　C. Mysum_5　　D. 5Mysum

4．在 Python 中，用于获取用户输入的函数是(　　)。

A. scanf( )　　B. get( )　　C. print( )　　D. input( )

5．以下选项中，可以访问字符串 s 中从右向左第三个字符的是(　　)。

A. s[3]　　B. s[−3]　　C. s[0: −3]　　D. s[:−3]

6．如下代码的输出结果是(　　)。

```
pr020106.py - E:/Python教材/pr020106.py (3.7.5)
File  Edit  Format  Run  Options  Window  Help
s = "Python is Open Sounce!"
print(s[0:].upper())
```

A. PYTHON IS OPEN SOUNCE!　　B. PYTHON

C. PYTHON IS OPEN SOUNCE　　D. Python is Open Sounce!

7．如下代码的输出结果是(　　)。

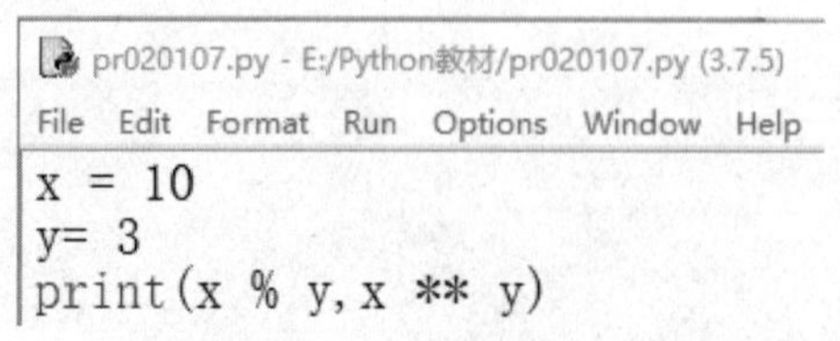

A. 1　1000　　B. 3　1000　　C. 1　30　　D. 3　30

8．如下代码的输出结果是(　　)。

```
pr020108.py - E:/Python教材/pr020108.py (3.7.5)
File  Edit  Format  Run  Options  Window  Help
z = 3.14
print(complex(z))
```

A. (3.14+0j)　　B. 3.14+0j　　C. 3.14　　D. 0.14

9．如下代码的输出结果是(　　)。

```
pr020109.py - E:/Python教材/pr020109.py (3.7.5)
File  Edit  Format  Run  Options  Window  Help
s = "The python language is a multimodel language."
print(s.split(' '))
```

A. ['The', 'python', 'language', 'is', 'a', 'multimodel', 'language.']

B. Thepythonlanguageisamultimodellanguage.

C. The python language is a multimodel language.

D. 系统报错

10．如下代码的输出结果是(　　)。

```
pr020110.py - E:/Python教材/pr020110.py (3.7.5)
File  Edit  Format  Run  Options  Window  Help
a = 123456789
b = '*'
print("{0:{2}>{1},}\n{0:{2}^{1},}\n{0:{2}<{1}}".format(a, 20, b))
```

A. *********123,456,789
   ****123,456,789*****
   123456789***********

B. ****123,456,789*****
   *********123,456,789
   123456789***********

C. *********123,456,789
   ****123,456,789*****
   123,456,789*********

D. *********123,456,789
   123,456,789*********
   ****123,456,789*****

二、编程题

1．输入一个十进制整数，分别输出对应的二进制、八进制和十六进制数。

2．输入一个十进制的 4 位整数，输出其各位数字之和。

3．编写程序，从键盘输入三角形的三条边，利用海伦公式计算并输出三角形的面积。海伦公式为：

$$\text{area} = \sqrt{p(p-a)(p-b)(p-c)}，\text{其中} p = \frac{1}{2}(a+b+c)$$

其中 a、b、c 为三角形的三条边。你在编程过程中发现了什么问题，有解决的思路吗？

4．输入一串英文字符，输出将其中的英文字母全部小写、全部大写以及大小写互换后的字符串。

第3章

Python程序的控制结构

Python 程序是由语句构成的，语句是程序运行时将要执行的命令，用于完成具体的数据处理功能或控制程序的执行流程。一条语句能完成的任务是有限的，为了完成一项复杂的任务，往往需要执行多条语句，这些语句必须按照某种规定的顺序，形成执行流程，逐步完成整个任务。按照执行流程，Python 程序的控制结构可分为顺序结构、分支(选择)结构和循环结构。

3.1 顺序结构

顺序结构就是让程序按照从头到尾的顺序依次执行每一条语句，不重复、也不跳过任何一条语句，如图 3-1 所示。

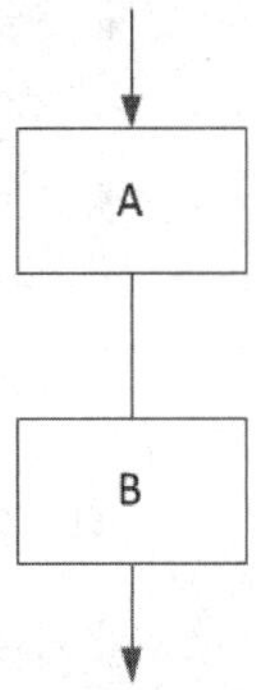

A

B

图 3-1 顺序结构

例 3-1 通过键盘输入圆的半径，计算并输出圆的周长和面积。

代码示例如下：

```
''' 例 3-1 参考代码
'''
r = eval(input("请输入圆的半径值："))
PI = 3.14
peri = 2*PI*r
area = PI*r*r
print("周长= ",peri)
print("面积= ",area)
```

程序的运行结果如图 3-2 所示。

```
======================== RESTART: E:/Python
==
请输入圆的半径值：1
周长=  6.28
面积=  3.14
>>>
```

图 3-2 例 3-1 的运行结果

这是一种典型的顺序结构，程序在运行时，将按书写的先后顺序依次执行每一条语句。

3.2 分支结构

分支结构又称选择结构，作用就是让程序“拐弯”，有选择性地执行语句；换句话说，程序可以根据条件成立与否，选择执行不同的语句，完成不同的功能。分支结构是通过分支语句来实现的，Python 中的分支语句包括 if 语句、if-else 语句和 if-elif-else 语句。

3.2.1 单分支结构：if 语句

if 语句用来实现单分支结构，其语法格式如下：

```
if 表达式:
    语句块
```

其中，“表达式”是一个条件表达式，如果值为 True，则执行“表达式”后面的“语句块”，然后执行 if 结构后面的语句；否则绕过“语句块”，直接执行 if 结构后面的语句。if 分支结构如图 3-3 所示。

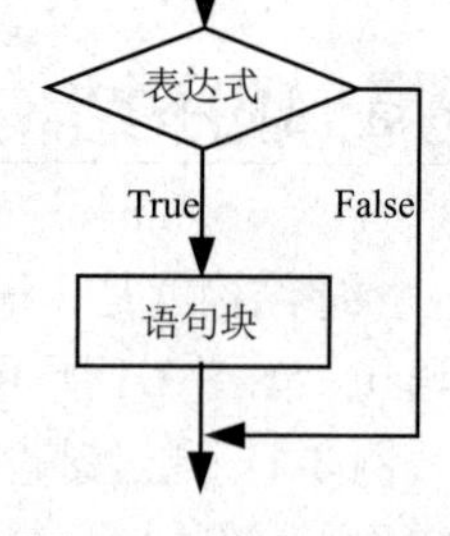

图 3-3 if 语句示意图

注意：

- “表达式”的两边没有圆括号，后面的冒号是 if 语句的组成部分。
- “语句块”相对于 if 关键字必须向右缩进 4 个空格，并且“语句块”中的每条语句必须向右缩进相同的空格。
- Python 中的缩进是强制性的，通过缩进，Python 能够识别出语句是否属于 if 结构。

例 3-2 下面是某个考试成绩统计分析程序的一段代码，试着分析一下这段代码的含义。

```
if score < 60:
    m = m + 1
scoreSum = scoreSum + score
```

这段代码一共只有两条语句。显然，score 代表考试成绩，score < 60 是这条 if 语句的条件表达式。

如果这个条件表达式的值为 True，则执行 m = m + 1 语句，因此，m 应该代表的是不及格人数，然后执行 if 结构后面的语句 scoreSum = scoreSum + score；如果这个条件表达式的值为 False，则绕过 m = m + 1 语句，直接执行 if 结构后面的语句 scoreSum = scoreSum + score。

不管条件表达式 score < 60 是真还是假，scoreSum = scoreSum + score 语句都会被执行一次，因此，scoreSum 应该代表的是总成绩。

总体看来，这段代码是合理的、有意义的。

如果将这段代码改成如下形式，又该如何解释？

```
if score < 60:
```

```
    m = m + 1
    scoreSum = scoreSum + score
```

3.2.2　双分支结构：if-else 语句

if-else 语句用来实现双分支结构，其语法格式如下：

```
if 表达式:
    语句块 1
else:
    语句块 2
```

if-else 语句的执行顺序是：首先计算“表达式”的值，若为 True，则执行“语句块 1”，然后按顺序执行 if-else 结构后面的语句；否则执行“语句块 2”，然后按顺序执行 if-else 结构后面的语句。if-else 分支结构如图 3-4 所示。

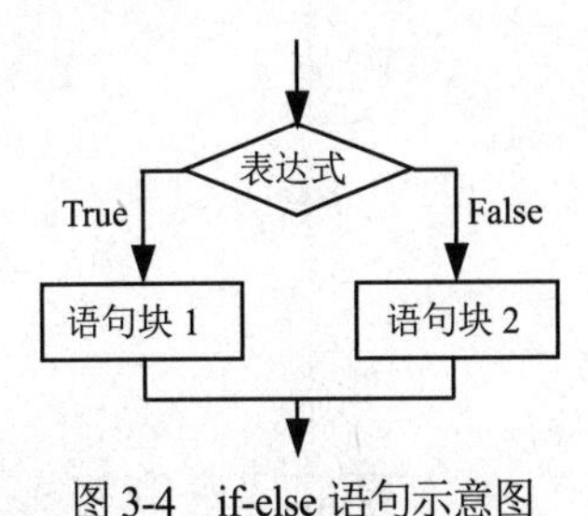

图 3-4　if-else 语句示意图

例 3-3　从键盘输入一个字符，如果是数字字符，则输出“It is a number.”，否则输出“It is not a number.”

代码示例如下：

```
''' 例 3-3 参考代码
'''
ch = input("请从键盘输入一个字符：")
if ch >= '0' and ch <= '9':
    print("It is a number.")
else:
    print("It is not a number.")
```

程序的运行结果如图 3-5 所示。

```
======================== RESTART: E:/Python
==
请从键盘输入一个字符：6
It is a number.
>>>
======================== RESTART: E:/Python
==
请从键盘输入一个字符：c
It is not a number.
>>>
```

图 3-5　例 3-3 的运行结果

3.2.3　多分支结构：if-elif-else 语句

if-elif-else 语句用来实现多分支结构，其语法格式如下：

```
if 表达式 1:
    语句块 1
elif 表达式 2:
    语句块 2
elif 表达式 3:
    语句块 3
…
else:
```

```
    语句块 n
```

if-elif-else语句的执行顺序是：依次计算各表达式的值，如果“表达式1”的值为True，则执行“语句块1”，结束整个if-elif-else语句；否则，如果“表达式2”的值为True，则执行“语句块2”，结束整个if-elif-else语句；否则，如果“表达式3”的值为True，则执行“语句块3”，结束整个if-elif-else语句；以此类推，如果前面所有表达式的值都为False，就执行与else对应的“语句块 *n*”，结束整个if-elif-else语句。if-elif-else多分支结构如图3-6所示。

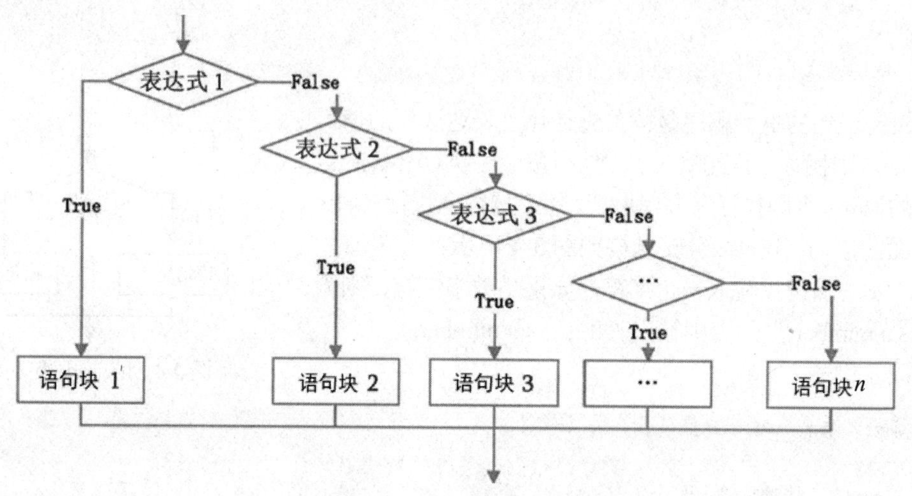

图3-6　if-elif-else语句示意图

例3-4　编写程序，将百分制成绩转换为五分制成绩。转换规则为：大于或等于90分为A；小于90分且大于或等于80分为B；小于80分且大于或等于70分为C；小于70分且大于或等于60分为D；小于60分为E。

代码示例如下：

```
''' 例3-4 参考代码
'''
score = eval(input("请输入百分制成绩(0~100)："))

if score >= 90:
    grade = 'A'
elif score >= 80:
    grade = 'B'
elif score >= 70:
    grade = 'C'
elif score >= 60:
    grade = 'D'
else:
    grade = 'E'

print("{}的五分制成绩为：{}。".format(score,grade))
```

程序的运行结果如图3-7所示。

```
======================= RESTART: E:/Python
==
请输入百分制成绩(0~100): 88
88的五分制成绩为: B。
>>>
======================= RESTART: E:/Python
==
请输入百分制成绩(0~100): 68
68的五分制成绩为: D。
>>>
======================= RESTART: E:/Python
==
请输入百分制成绩(0~100): 45
45的五分制成绩为: E。
>>>
```

图 3-7　例 3-4 的运行结果

3.2.4　分支嵌套

分支嵌套是指分支中还存在分支的情况，即 if 语句中还包含 if 语句。如果有多个 if 和 else，则 if 与 else 的匹配关系就显得尤为重要。在 Python 中，if 与 else 的匹配是通过进行严格的对齐与缩进来实现的。

一种常见的分支嵌套形式是在 if 语句中嵌套 if-else 语句，语法格式如下：

```
if 表达式 1:
    if 表示式 2:
        语句块 1
    else:
        语句块 2
```

另一种常见的分支嵌套形式是在 if-else 语句中嵌套 if-else 语句，语法格式如下：

```
if 表达式 1:
    if 表示式 2:
        语句块 1
    else:
        语句块 2
else:
    if 表达式 3:
        语句块 3
    else:
        语句块 4
```

例 3-5 分析以下代码的含义。

```
if score < 60:
    if score < 30:
        print("你需要重修！")
    else:
        print("你需要补考！")
```

在这段代码中，else 与第 2 个 if 对齐，功能是：在成绩低于 60 分的前提下，如果成绩低于 30 分，则需要参加重修(没有补考机会)，否则需要参加补考。

如果将 else 与第 1 个 if 对齐，代码含义是什么，是否合理，请你思考。

3.3 循环结构

日常生活中的很多问题，必须周而复始地去做，循环往复，没有穷尽。反复地做同一件事情的情况，我们称为循环。循环就是一组重复执行的语句，循环是解决许多问题的基本控制结构。Python 提供了两种类型的循环：while 循环和 for 循环。while 循环又称为条件循环，可根据条件的真假来控制循环的次数；for 循环又称为遍历循环，是一种计数器控制循环，可根据计数器的计数来控制循环的次数。

3.3.1 条件循环：while 语句

while 语句的语法格式如下：

```
while 条件表达式:
    循环体
```

while 语句的执行顺序是：首先计算“条件表达式”的值，若为 True，则执行“循环体”，“循环体”执行完之后再次计算“条件表达式”的值，若仍为 True，则再次执行“循环体”；如此继续下去，直到“条件表达式”的值为 False，结束循环，然后按顺序执行 while 结构后面的语句。while 条件循环语句如图 3-8 所示。

注意：

- while 条件表达式的两边没有圆括号，后面的冒号是 while 语句的组成部分。
- while 循环体由一条或多条语句构成，且必须相对于 while 关键字向右缩进 4 个空格。
- 对 while 循环体的一次执行称为一个循环周期，在每个循环周期前都要进行条件检测。如果一开始条件检测的结果为 False，则循环体一次都不执行。

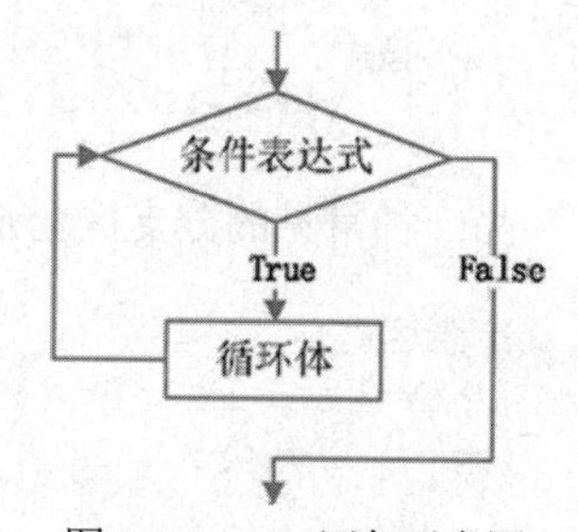

图 3-8　while 语句示意图

例 3-6　编程实现一个简单的猜数字游戏，在程序中设定一个神秘数字(1 到 100 之间的某个数)，让玩游戏的人猜。玩游戏的人通过键盘输入自己猜的数，如果猜中了，输出“恭喜，你猜对了！”；如果没有猜中，输出“你猜的数太大!请继续……”或“你猜的数太小！请继续……”。

问题分析：

- 这是一个反复猜数字的游戏，重复多少次并不知道，只有猜对数字才结束游戏。因此，应该采用 while 条件循环语句。
- 用变量 number 代表神秘数字，在程序中给出。
- 用变量 guess 代表玩游戏的人猜的数，通过键盘输入。
- 条件表达式应该判断 guess 与 number 是否相等，不相等则再猜。
- 要想 while 语句正常运行，guess 的初值就应该不在要猜的数字范围之内。在这里，我们给变量 guess 赋初值-1。

代码示例如下：

```
''' 例 3-6 参考代码
'''
number = 77                    # 神秘数字
print("猜数字游戏，请输入 1 到 100 之间的数。")
guess = -1

while guess != number:
    guess = eval(input("请输入你猜的数："))
    if guess == number:
        print("恭喜，猜对了！")
    elif guess > number:
        print("你猜的数太大!请继续……")
    else:
        print("你猜的数太小!请继续……")
```

程序的运行结果如图 3-9 所示。

```
======================== RESTART: E:/Python
==
猜数字游戏，请输入1到100之间的数。
请输入你猜的数：50
你猜的数太小!请继续……
请输入你猜的数：75
你猜的数太小!请继续……
请输入你猜的数：87
你猜的数太大!请继续……
请输入你猜的数：80
你猜的数太大!请继续……
请输入你猜的数：77
恭喜，猜对了！
>>>
```

图 3-9　例 3-6 的运行结果

当然，就猜数字游戏而言，这个程序还需要完善。玩过一次后，大家就知道这个神秘数字是什么了，除非在程序中重新设定一个神秘数字。那么有没有一种更好的办法，让神秘数字再神秘一些，每玩一次游戏，都让程序自动生成一个神秘数字。请大家积极思考，我们会在后面的学习中为大家揭晓。

3.3.2　遍历循环：for 语句

for 语句通常用于遍历字符串、列表、元组、字典、集合等序列类型，从而逐个获取序列中的元素。

for 语句的语法格式如下：

```
for 迭代变量 in 字符串|列表|元组|字典|集合:
    循环体
```

在这里，迭代变量用于存放从序列类型变量中读取的元素；循环体指的是具有相同缩进格式的多行代码。for 遍历循环语句如图 3-10 所示。

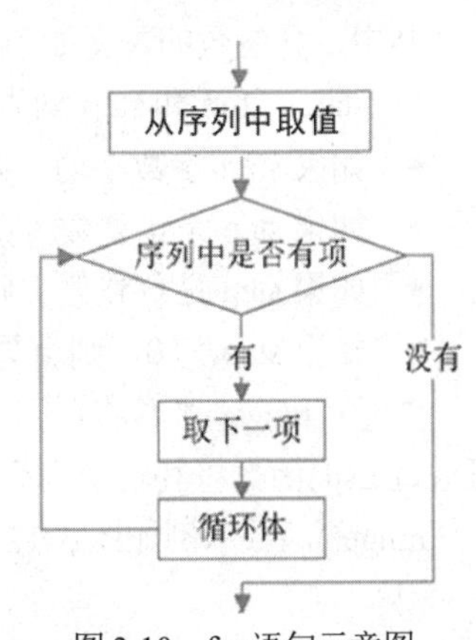

图 3-10　for 语句示意图

注意：

- 冒号是 for 语句的组成部分。
- for 循环体由一条或多条语句构成，且必须相对于 for 关键字向右缩进 4 个空格。
- 序列中保存着一组元素，元素的个数决定了循环重复的次数。因此，for 循环的循环次数是确定的。
- for 循环依次从序列中取出元素，赋予迭代变量，迭代变量每取一个元素，就执行一次循环体。

下面在 Python 的交互环境中演示 for 语句，如图 3-11 所示。

```
Python 3.8.2 Shell
File  Edit  Shell  Debug  Options  Window  Help
Python 3.8.2 (tags/v3.8.2:7b3ab59, Feb 2
D64)] on win32
Type "help", "copyright", "credits" or "
>>> for ch in "Python":
        print(ch)


P
y
t
h
o
n
>>>
```

图 3-11　在 shell 界面中演示 for 语句

注意：在 shell 界面中，for 语句是以一个空白行作为结束标志的。换言之，在 print(ch)后需要连续按两次 Enter 键才可以得到结果。在这里，print(ch)默认以\n 作为结束符。因此，每输出一个字符，就同时进行换行。

在这里，我们需要介绍一个与 for 语句关系密切的内置函数 range()，其语法格式如下：

```
range(start, stop, step)
```

其中，各参数的含义如下：

- start、stop 和 step 均为整数。
- 如果 start 参数不动，则默认为 0；如果 step 参数不动，则默认为 1。
- 如果 step 是正整数，则最后一个元素小于 stop。
- 如果 step 是负整数，则最后一个元素大于 stop。
- 如果 step 为 0，则会导致 ValueError 异常。

注意：range()函数将返回一个可迭代对象，可通过 for 遍历循环语句查看生成的元素，也可通过 list()函数将其转换为列表并返回该列表。

range()函数示例如图 3-12 所示。

```
>>> for i in range(6):
        print(i,end=' ')


0 1 2 3 4 5
>>>
>>> list(range(4,9))
[4, 5, 6, 7, 8]
>>> list(range(3,10,2))
[3, 5, 7, 9]
>>> list(range(5,1,-1))
[5, 4, 3, 2]
>>>
```

图 3-12　range()函数示例

例 3-7　编写程序，求 1 + 2 + 3 + … + 100。

代码示例如下：

```
''' 例 3-7 参考代码
'''
total = 0

for i in range(1,101):
    total += i

print("total =",total)
```

程序的运行结果为：

```
total = 5050
```

在这里，total 用来保存累加求和的值，通常在 for 循环开始前必须初始化为 0，才能保证结果的正确性；如果是求各项的积，则需要初始化为 1。

就本例而言，还可以使用列表的 sum()函数进行求和，只需要一行语句即可：

```
print(sum(list(range(1,101))))
```

3.3.3　循环的嵌套

循环的嵌套就是一条循环语句中包含另一条循环语句，也称为多重循环。例如，for 语句里有 for 语句，while 语句里有 while 语句，甚至 while 语句里有 for 语句或者 for 语句里有 while 语句。

嵌套的循环由一个外循环和一个或多个内循环组成。嵌套的循环在执行时，每执行一次外循环，都会重新进入内循环，并重新开始执行内循环，直到内循环执行结束后，才进入外循环的下一次循环。

例 3-8　编写程序，输出九九乘法表。

代码示例如下：

```
''' 例 3-8 参考代码
'''
for i in range(1,10):
```

```
    for j in range(1,i+1):
        print("{}×{}={}".format(i,j,i*j),end='\t')
    print()
```

程序的运行结果如图 3-13 所示。

```
====================== RESTART: E:\Python教材\ex0308.py ==============
==
1×1=1
2×1=2	2×2=4
3×1=3	3×2=6	3×3=9
4×1=4	4×2=8	4×3=12	4×4=16
5×1=5	5×2=10	5×3=15	5×4=20	5×5=25
6×1=6	6×2=12	6×3=18	6×4=24	6×5=30	6×6=36
7×1=7	7×2=14	7×3=21	7×4=28	7×5=35	7×6=42	7×7=49
8×1=8	8×2=16	8×3=24	8×4=32	8×5=40	8×6=48	8×7=56	8×8=64
9×1=9	9×2=18	9×3=27	9×4=36	9×5=45	9×6=54	9×7=63	9×8=72	9×9=81
>>>
```

图 3-13　例 3-8 的运行结果

在这里，外循环中的迭代变量 i 对应于行，内循环中的迭代变量 j 对应于列。对于每一个 i，内循环完成相应行的输出，结束后通过 print()函数实现换行，再进入下一次外循环。

3.4 break、continue 和 pass 语句

在执行 while 循环或 for 循环时，只要循环条件满足，程序就会一直执行循环体。但在某些场景下，我们可能希望程序提前退出循环。

Python 提供了两种提前退出循环的办法：break 语句，完全终止当前循环；continue 语句，跳过执行本次循环体中剩余的代码，转而执行下一次循环。

另外，Python 还提供了用于保持程序结构完整性的 pass 语句。pass 语句是空语句，用来让解释器跳过此处，什么都不做。

3.4.1 break 语句

break 语句的功能是提前结束整个循环，转而执行循环结构后面的语句。无论是 while 循环还是 for 循环，break 语句总是需要和 if 语句配合使用。

例 3-9　在图 3-14 所示的 break 语句示例中，对于 for 循环，当循环到 i = 3 时，循环体中的 if 条件语句 i%3 == 0 的值为 True，于是执行 break 语句，跳出整个循环。因此，程序的输出结果是 1 2。

```
File  Edit  Format  Run  Options  Window  Help
# break语句示例
for i in range(1, 11):
    if i%3 == 0:
        break
    print(i, end=' ')
print("\n我是循环结构后面的语句")
```

```
====================== RESTART: E:
1 2
我是循环结构后面的语句
>>>
```

图 3-14　break 语句示例

3.4.2　continue 语句

continue 语句的功能是终止执行本次循环中剩下的代码，直接从下一次循环继续执行。同样，continue 语句也总是需要和 if 语句配合使用。

例 3-10　在图 3-15 所示的 continue 语句示例中，对于 for 循环，当循环到 i = 3 时，循环体中的 if 条件语句 i%3 == 0 的值为 True，于是执行 continue 语句，跳过本次循环体中剩余的代码 print(i,end=' ')，也就是不再输出 3，转而执行下一次循环。因此，程序的输出结果是 1 2 4 5 7 8 10。

```
File  Edit  Format  Run  Options  Window  Help
# continue语句示例
for i in range(1, 11):
    if i%3 == 0:
        continue
    print(i,end=' ')

==================== RESTART: E:/
==
1 2 4 5 7 8 10
>>>
```

图 3-15　continue 语句示例

3.4.3　pass 语句

pass 语句是空语句，不做任何事情，只起到占位作用。在实际开发过程中，我们有时候会直接搭起程序的整体逻辑结构，暂时不考虑实现某些细节。这时，我们可以使用 pass 语句，让解释器跳过此处，什么都不做，从而不影响整个程序的运行。

例 3-11　在图 3-16 所示的 pass 语句示例中，如果 i 能被 3 整数，则输出 i，否则就用 pass 语句占个位置，什么都不做，从而方便以后根据具体情况进行处理。

```
File  Edit  Format  Run  Options  Window  Help
# pass语句示例
for i in range(1,11):
    if i%3 == 0:
        print(i,end=' ')
    else:
        pass

===================== RESTART: E:/
==
3 6 9
>>>
```

图 3-16　pass 语句示例

3.5　循环结构中的 else 语句

在 Python 中，while 或 for 语句都有可选的 else 语句。当循环正常结束时，else 后面的语句会被执行；当循环被 break 或 return 语句终止时，则不会执行 else 后面的语句。

例 3-12　编写程序，判断用户从键盘输入的自然数 *n* 是否是素数。

问题分析：

- 素数是指在大于 1 的自然数中，除了 1 及其本身以外不再有其他因数的自然数。
- 对于输入的自然数 *n*，*n* 是素数的条件是 *n* 不能被 2、3、…、*n*−1 整除。
- 如果 *n* 能被 2、3、…、*n*−1 中的某个数整除，则 *n* 不是素数。

代码示例如下：

```
'''
例 3-12 参考代码
循环中的 else 语句示例
判断输入的自然数是否是素数
'''
n = int(input("请输入一个自然数："))
for i in range(2,n):        # 判断 n 是否能被 2、3、…、n−1 整除
    if n % i == 0:          # 如果 i 能够整除 n，则输出 n 的因数，退出循环
        print("{} = {}×{}，{}不是素数".format(n,i,n//i,n))
        break
else:
print("{}是素数".format(n))
```

程序的运行结果如图 3-17 所示。

```
===================== RESTART: E:/Python
==
请输入一个自然数：2
2是素数
>>>
===================== RESTART: E:/Python
==
请输入一个自然数：4
4 = 2×2，4不是素数
>>>
===================== RESTART: E:/Python
==
请输入一个自然数：1991
1991 = 11×181，1991不是素数
>>>
===================== RESTART: E:/Python
==
请输入一个自然数：1999
1999是素数
>>>
```

图 3-17　例 3-12 的运行结果

以上代码中的 for 循环有一条 else 语句，当 $n = 1999$ 时，*n* 不能被 2、3、…、1998 整除，表明 1999 是素数，循环正常结束，else 后面的语句会被执行，输出“1999 是素数”；当 $n = 1991$ 时，*n* 能被 11 整除，循环被 break 语句终止，else 后面的语句没有被执行。

这个程序对于判断较小的自然数是否为素数是可行的，但是对于判断大一些的自然数是否为素数，例如 99 999 989 和 1 000 000 009 这样的数，程序的运行时间将会比较长。请大家想一下，从算法的角度，该程序还可以如何改进。

3.6 程序的异常处理：try-except

编写程序时，难免会遇到各种各样的错误，通常分为语法错误和运行时错误。

语法错误是解析代码时出现的错误。当代码不符合 Python 语法规则时，Python 解释器在解析时就会报出 SyntaxError 语法错误。对于语法错误，只有将程序中的所有语法错误全部纠正，程序才能运行。

运行时错误是程序在运行时发生的错误，而程序在语法上是正确的。在 Python 中，我们把这种在程序运行时产生错误的情况叫作异常(Exception)。

当程序发生异常时，就说明程序在执行时出现了问题，默认情况下，程序将退出运行。如果想要避免程序退出，那么可以使用捕获异常的方式获取异常的名称，再通过其他的逻辑代码让程序继续运行，这种根据异常做出的逻辑处理叫作异常处理。

异常处理是在程序运行出错时对程序进行的必要处理，可以极大提高程序的健壮性和人机交互的友好性。

其实，程序的异常处理与我们在现实生活中处理事情的思路是相同的。

- try：做任何事情都可能出现问题，怎么办？不要怕，要勇敢地去尝试。要仔细分析可能出现的问题，不回避，积极地去发现问题。
- except：对于已发现的各类问题，要有针对性地给出解决问题的办法。
- else：对于还没有发现的问题，给出指导性的建议。
- finally：最后，无论结果如何，都要认真总结做事情的经验教训。

异常处理语句的语法格式如下：

```
try:
    要做的事情
except:捕捉到的异常类型
    对于捕捉到的异常类型要做适当处理
else:
    对于没有捕捉到的异常类型要做预案
finally:
    不管是否发生异常最后都要做的事情
```

注意：

- 首先执行 try 子句，即关键字 try 和 except 之间的语句(要做的事情)。
- 如果没有异常发生，那么忽略 except 子句和 else 子句，执行 finally 子句。
- 如果在执行 try 子句的过程中发生了异常，并且如果异常的类型和 except 之后的名称相符，那么执行 except 对应的子句，否则执行 else 对应的子句。
- 可以包含多条 except 子句，用于分别处理不同的异常。
- 可以没有 else 和 finally 代码块。

例 3-13 编写程序，从键盘输入两个整数，输出这两个整数的商和余数。

代码示例如下：

```
'''
例 3-13 参考代码
try-except 语句示例
'''
try:
    m = int(input("请输入一个整数(m)："))
    n = int(input("请输入一个整数(n)："))
```

```
    print("{}除以{}的商是{},余数是{}".format(m,n,m//n,m%n))
except ValueError:
    print("你输入的不是数字！")
except ZeroDivisionError:
    print("被除数不能是 0！")
finally:
    print("进行了一次算术除法练习！")
```

程序的运行结果如图 3-18 所示。

```
===================== RESTART: E:/Python
==
请输入一个整数(m): 9
请输入一个整数(n): 4
9除以4的商是2,余数是1
进行了一次算术除法练习!
>>>
===================== RESTART: E:/Python
==
请输入一个整数(m): 12o
你输入的不是数字!
进行了一次算术除法练习!
>>>
===================== RESTART: E:/Python
==
请输入一个整数(m): 9
请输入一个整数(n): 0
被除数不能是0!
进行了一次算术除法练习!
>>>
```

图 3-18　例 3-13 的运行结果

3.7 应用问题选讲

例 3-14　编写程序，求一元二次方程 $ax^2+bx+c=0(a\neq 0)$的根。

问题分析：

可利用一元二次方程的求根公式 $x=\dfrac{-b\pm\sqrt{b^2-4ac}}{2a}$ 来进行求解。

代码示例如下：

```
'''
例 3-14 参考代码
求一元二次方程的根
'''
a = eval(input("请输入二次项系数 a(a≠0):"))
b = eval(input("请输入一次项系数 b:"))
c = eval(input("请输入常数项 c:"))

d = b**2 - 4*a*c        # 根的判别式
if d >= 0:
    x1 = (-b + d ** 0.5)/(2*a)
    x2 = (-b - d ** 0.5)/(2*a)
```

```
        print("一元二次方程{}x^2 + {}x + {} = 0 有两个实根：".format(a,b,c))
        print("x1 = {:.2f}，x2 = {:.2f}".format(x1,x2))
else:
        realx = -b/(2*a)
        imagx = (-d) ** 0.5/(2*a)
        print("一元二次方程{}x^2 + {}x + {} = 0 有两个复根：".format(a,b,c))
        print("x1 = {:.2f} + {:.2f}J".format(realx,imagx))
print("x2 = {:.2f} - {:.2f}J".format(realx,imagx))
```

程序的运行结果如图 3-19 所示。

```
======================== RESTART: E:\Python
==
请输入二次项系数a(a≠0):2
请输入一次项系数b:3
请输入常数项c:1
一元二次方程2x^2 + 3x + 1 = 0有两个实根：
x1 = -0.50，x2 = -1.00
>>>
======================== RESTART: E:\Python
==
请输入二次项系数a(a≠0):1
请输入一次项系数b:2
请输入常数项c:1
一元二次方程1x^2 + 2x + 1 = 0有两个实根：
x1 = -1.00，x2 = -1.00
>>>
======================== RESTART: E:\Python
==
请输入二次项系数a(a≠0):2
请输入一次项系数b:4
请输入常数项c:5
一元二次方程2x^2 + 4x + 5 = 0有两个复根：
x1 = -1.00 + 1.22J
x2 = -1.00 - 1.22J
>>>
```

图 3-19　例 3-14 的运行结果(一)

其实，对于上述问题，我们还可以利用 Python 内置的 cmath 模块(复数域数学函数模块)来进行求解。

cmath 模块与 math 模块类似，可在 shell 界面中查看相关函数，如图 3-20 所示。

```
>>> import cmath
>>> dir(cmath)
['__doc__', '__loader__', '__name__', '__package__', '__spec__', 'acos', 'acos
h', 'asin', 'asinh', 'atan', 'atanh', 'cos', 'cosh', 'e', 'exp', 'inf', 'infj'
, 'isclose', 'isfinite', 'isinf', 'isnan', 'log', 'log10', 'nan', 'nanj', 'pha
se', 'pi', 'polar', 'rect', 'sin', 'sinh', 'sqrt', 'tan', 'tanh', 'tau']
>>>
```

图 3-20　查看 cmath 模块中的函数

代码示例如下：

```
'''
例 3-14 参考代码
求一元二次方程的根，利用 Python 内置的 cmath 模块进行求解
'''
import cmath             # 导入 cmath 模块

a = eval(input("请输入二次项系数 a(a≠0):"))
b = eval(input("请输入一次项系数 b:"))
c = eval(input("请输入常数项 c:"))
```

```
d = b**2 - 4*a*c       # 根的判别式
x1 = (-b + cmath.sqrt(d))/(2*a)
x2 = (-b - cmath.sqrt(d))/(2*a)

print("一元二次方程{}x^2 + {}x + {} = 0 的两个根是：".format(a,b,c))
print("x1 = {}，x2 = {}".format(x1,x2))
```

程序的运行结果如图 3-21 所示。

```
==================== RESTART: E:/Python教材/ex0314_cmath.py
==
请输入二次项系数a(a≠0):2
请输入一次项系数b:3
请输入常数项c:1
一元二次方程2x^2 + 3x + 1 = 0的两个根是：
x1 = (-0.5+0j), x2 = (-1+0j)
>>>
==================== RESTART: E:/Python教材/ex0314_cmath.py
==
请输入二次项系数a(a≠0):2
请输入一次项系数b:4
请输入常数项c:5
一元二次方程2x^2 + 4x + 5 = 0的两个根是：
x1 = (-1+1.224744871391589j), x2 = (-1-1.224744871391589j)
>>>
```

图 3-21　例 3-14 的运行结果(二)

例 3-15　编写程序，求斐波那契数列中小于 2000 的最大数。

问题分析：

- 斐波那契数列又称黄金分割数列、兔子数列，是由数学家列昂纳多・斐波那契于 1202 年提出的一种数列。
- 斐波那契数列为 1、1、2、3、5、8、13、21、34、…，从第 3 项开始，后面的每一项都等于前两项之和，递推公式为 $F(n)=F(n-1)+F(n-2)$，$n\geqslant 3$，$F(1)=1$，$F(2)=1$。
- 需要反复迭代才能得到我们想要的结果。另外，虽然需要迭代的次数不明确，但迭代结束的条件却是明确的。因此，应选择使用 while 循环。

代码示例如下：

```
'''
例 3-15 参考代码
'''
a,b = 1,1
while b < 2000:
    c = a + b
    a,b = b,c
print("小于 2000 的最大斐波那契数是{}".format(a))
```

程序的运行结果如图 3-22 所示。

```
==================== RESTART: E:/Python
==
小于2000的最大斐波那契数是1597
>>>
```

图 3-22　例 3-15 的运行结果

例 3-16　例 3-6 所示猜数字游戏的升级版。随机生成一个 1 到 100 之间的整数(称为神秘数字)，让玩游戏的人猜。玩游戏的人通过键盘输入自己猜的数，如果猜中了，输出“恭喜，你猜对了！”；如果没有猜中，输出“你猜的数太大!请继续……”或“你猜的数太小！请继续……”，以便玩游戏的人更明智地选择下一个输入的数字。

问题分析：

- 需要导入 random 模块以产生一个随机数(神秘数字)。
- 从键盘输入用户猜的数，与神秘数字进行比较并返回相关信息。
- 利用 while 循环实现猜数字游戏。

代码示例如下：

```
'''
例 3-16 参考代码
'''
import random        # 导入 random 模块

number = random.randint(1,100)       # 随机生成一个 1 到 100 之间的整数
print("猜数字游戏，请输入 1~100 之间的数。")
guess = -1

while guess != number:
    guess = eval(input("请输入你猜的数："))
    if guess == number:
        print("恭喜，猜对了！ 神秘数字是{}。".format(number))
    elif guess > number:
        print("你猜的数太大!请继续……")
    else:
        print("你猜的数太小!请继续……")
```

程序的运行结果如图 3-23 所示。

```
====================== RESTART: E:/Python
==
猜数字游戏，请输入1～100之间的数。
请输入你猜的数：50
你猜的数太小!请继续……
请输入你猜的数：75
你猜的数太小!请继续……
请输入你猜的数：88
你猜的数太大!请继续……
请输入你猜的数：81
你猜的数太小!请继续……
请输入你猜的数：85
你猜的数太小!请继续……
请输入你猜的数：87
恭喜，猜对了！ 神秘数字是87。
>>>
```

图 3-23　例 3-16 的运行结果

我们在程序开发中经常要用到 random 模块。例如，按要求生成一个随机数；在一批数据中随机选取数据，如随机点名；随机生成一批数据，如学生的考试成绩，供调试程序使用；对数据进行随机分组，等等。有关 random 模块的更多信息，可参阅第 7 章的内容。

另外，大家是否注意到，我们第一次输入的是1到100之间的中间数50，反馈的结果是猜的数太小；因此，我们第二次输入的是51到100之间的中间数75，反馈的结果是猜的数太小；因此，我们第三次输入的是76到100之间的中间数88；以此类推，6次就猜中了。

在这里，我们用到了计算机科学中非常重要的一种算法——二分查找法。二分查找法也称为折半法，是一种在有序序列中查找特定元素的搜索算法。

二分查找法的思路如下：

(1) 首先从序列的中间元素开始搜索，如果该元素正好是目标元素，则搜索过程结束，否则执行下一步。

(2) 如果目标元素大于或小于中间元素，则在序列大于或小于中间元素的那一半区域中进行查找，然后重复步骤(1)。

(3) 如果某一步中的序列为空，则表示找不到目标元素。

例 3-17 判断一个数是否是素数的改进程序。我们在例3-12中编写了一个基本的素数判断程序，该程序对于判断较大的数是否是素数的计算时间比较长。在本例中，我们将从算法角度进行一定的改进，缩短素数判断的计算时间。

问题分析：

- 素数是指在大于1的自然数中，除了1及其本身以外不再有其他因数的自然数。
- 在例3-12中，我们就是按照上面的定义，对于输入的自然数n，一个一个地验证n是否能被2、3、…、n-1整除。
- 大家想一下，真的需要验证n是否能被n-1整除吗？将n写成$n=\sqrt{n}\times\sqrt{n}$，我们就会明白，其实只要从2验证到$\sqrt{n}$就可以了，这样就可以大大减少验证计算的次数。例如，判断101是否是素数，按照例3-12中的算法，为了验证2~100是否能整除101，需要验证99次；但是按照现在的算法，只需要验证9次就可以了。
- 另外，我们明确知道2是素数，所有大于2的偶数都是非素数。因此，我们可以先将这些数据判断完，剩下的问题就是判断输入的奇数是否是素数了。对于奇数，显然不能被2整除，当然也不能被4、6、8等其他偶数整除。因此，可以进一步缩小验证的范围到range(3,int(n**0.5)+1,2)。也就是说，只需要验证2~$\sqrt{n}$范围内的奇数是否能整除输入的数就可以了。在这里，添加int(n**0.5)+1是因为考虑到取整运算可能会产生截断误差。
- 最后，我们可以通过计算程序的核心算法的运行时间来验证算法的好坏。这里需要导入Python内置的time库，相关内容可以参阅第7章。

代码示例如下：

```
'''
例 3-17 参考代码
判断输入的自然数是否是素数的改进程序
'''
import time                         # 导入 time 模块

n = eval(input("请输入一个自然数："))

begin = time.time()                 # 核心算法开始的时间
```

```
if n <= 1:
    print("{}不是素数".format(n))
elif n == 2:
    print("{}是素数".format(n))
elif n % 2 == 0:
    print("{}不是素数".format(n))
else:
    for i in range(3,int(n**0.5)+1,2):
        if n % i == 0:                # 如果 i 能够整除 n，则输出 n 的因数，退出循环
            print("{} = {}×{}，{}不是素数".format(n,i,n//i,n))
            break
    else:
        print("{}是素数".format(n))
end = time.time()                     # 核心算法结束的时间
period = int((end - begin)*1000)      # 核心算法运行的时间(毫秒)

print("核心算法运行{}毫秒".format(period))
```

程序的运行结果如图 3-24 所示。

```
==================== RESTART: E:/Python
==
请输入一个自然数：1000000009
1000000009是素数
核心算法运行 14 毫秒
>>>
```

图 3-24　例 3-17 的运行结果(一)

如果不对例 3-12 中的算法进行改进，代码示例如下：

```
'''
例 3-17 参考代码
判断输入的自然数是否是素数，不对算法进行改进
'''
import time

n = int(input("请输入一个自然数："))
begin = time.time()               # 核心算法开始的时间
for i in range(2,n):              # 判断 n 是否能被 2、3、…、n-1 整除
    if n % i == 0:                # 如果 i 能够整除 n，则输出 n 的因数，退出循环
        print("{} = {}×{}，{}不是素数".format(n,i,n//i,n))
        break
else:
    print("{}是素数".format(n))
end = time.time()                 # 核心算法结束的时间
period = int((end - begin)*1000)  # 核心算法运行的时间(毫秒)

print("核心算法运行{}毫秒".format(period))
```

程序的运行结果如图 3-25 所示。

```
==================== RESTART: E:/Python
==
请输入一个自然数：1000000009
1000000009是素数
核心算法运行 163463 毫秒
>>>
```

图 3-25　例 3-17 的运行结果(二)

例 3-18　百钱买百鸡，其中公鸡 5 元 1 只，母鸡 3 元 1 只，小鸡 1 元 3 只，要求每种鸡都必须有，编程计算公鸡、母鸡和小鸡应各买几只。

问题分析：

- 用 cock 表示公鸡，用 hen 表示母鸡，用 chick 表示小鸡。
- 对每种鸡的购买数量都要反复试，最后确定正好满足 100 元买 100 只鸡的组合。
- 采用穷举法——穷举法的基本思想是不重复、不遗漏地列举所有可能情况，从中寻找满足条件的结果。
- 三种鸡都必须有，购买公鸡的钱最多为 100−3−1＝96 元，取 5 的倍数，得 95 元，所以公鸡数量的取值范围为 1~19 只；同理，母鸡数量的取值范围为 1~31 只；小鸡数量为 3 的倍数，小鸡数量的取值范围为 3~96 只。

代码示例如下：

```
'''
例 3-18 参考代码
百钱买百鸡问题
'''
for cock in range(1,20):
    for hen in range(1,32):
        for chick in range(3,97):
            if (cock*5 + hen*3 + chick//3 == 100 and\
                cock + hen + chick == 100):
                print("cock={}\then={}\tchick={}".format(cock,hen,chick))
```

程序的运行结果如图 3-26 所示。

```
====================== RESTART: E:/Python
==
cock=3  hen=20  chick=77
cock=4  hen=18  chick=78
cock=7  hen=13  chick=80
cock=8  hen=11  chick=81
cock=11 hen=6   chick=83
cock=12 hen=4   chick=84
>>>
```

图 3-26　例 3-18 的运行结果

例 3-19　输入一串字符，判断是否为手机号码。

问题分析：

- 用 Phone 表示输入的字符串。
- 手机号码的第一个特点，就是字符串全部都是数字字符，我们可以使用 isnumeric()函数来对此进行判断。

- 手机号码的第二个特点是号码长度为 11。
- 现在国内运营商开通的有效手机号码网段如下。

  移动网段：134、135、136、137、138、139、150、151、152、157、158、159、182、183、184、187、188、147、178

  联通网段：130、131、132、155、156、185、186、145、176、179

  电信网段：133、153、180、181、189、177
- 可以将上面所有的网段放到列表 hmd 中，并判断字符串 Phone 的头三个数字字符是否在列表 hmd 中，从而判断字符串 Phone 是否为有效的手机号码。在判断时一定要注意类型问题，Phone 是字符串，列表 hmd 中的元素如果是数字的话，就需要先进行类型转换，之后再进行判断。

代码示例如下：

```
'''
例 3-19 参考代码
判断输入的手机号码是否有效
'''
hmd = [134,135,136,137,138,139,150,151,152,157,158,159,182, 183,184,187,188,
        147,178,130,131, 132,155,156,185,186,145,176,179,133,153,180,
        181,189,177]
Phone = input("输入手机号码：")
if Phone.isnumeric():                        # 判断 Phone 是否全部都是数字字符
    if len(Phone) == 11:
        if int(Phone[0:3]) in hmd:
            print(Phone,"是一个有效号码")
        else:
            print(Phone,"不是有效运营商网段")
    else:
        print(Phone,"号码位数不对！")
else:
    print(Phone,"号码必须全是数字")
```

程序的运行结果如图 3-27 所示。

```
=========================== RESTART: E:\Python\
=========
输入手机号码：13245678912
13245678912 是一个有效号码
```

图 3-27　例 3-19 的运行结果

其实，从手机号码中我们可以获取的远不止运营商归属信息。当我们使用网页搜索手机号码时，将会得到图 3-28 所示的更多信息。

图 3-28　使用网页搜索手机号码的反馈结果

使用Python提供的第三方库phone，可以轻松地获取手机号码的网段、归属省份、归属城市、邮政编码、区号和运营商归属等信息。有兴趣的读者可以查阅相关资料并实践一下。

3.8 习　　题

一、选择题

1. 下面代码的输出结果是(　　)。

```
File  Edit  Format  Run  Options  Window  Help
for i in range(1,6):
    if i%3 == 0:
        break
    else:
        print(i,end=',')
```

A. 1,2,3,4,5,6　　B. 1,2,3,

C. 1,2,3,4,5,　　D. 1,2,

2. 下面代码的输出结果是(　　)。

```
File  Edit  Format  Run  Options  Window  Help
for i in range(1,6):
    if i//3 == 0:
        continue
    else:
        print(i,end=',')
```

A. 1,2,3,4,5,6　　B. 3,4,5,

C. 1,2,3,4,5,　　D. 1,2,

3. 给出如下代码：

```
File  Edit  Format  Run  Options  Window  Help
sum = 0
for i in range(1,11):
    sum += i
    print(sum)
```

以下选项中描述正确的是(　　)。

A. 循环中的语句块执行了11次。

B. 输出的最后一个数字是55。

C. 如果print(sum)语句完全左对齐，则输出结果不变。

D. sum += i 可以写成 sum + = i。

4. 给出如下代码：

```
File  Edit  Format  Run  Options  Window  Help
a = 3
while a > 0:
    a -= 1
    print(a,end=" ")
```

以下选项中描述错误的是(　　)。

A. a -= 1 可由 a = a-1 实现。

B. 使用 while 保留字可创建无限循环。

C. 条件 a > 0 如果修改为 a < 0，程序的执行就会进入死循环。

D. 这段代码输出的内容为 2 1 0。

5. 给出如下代码：

```
File  Edit  Format  Run  Options  Window  Help
score = eval(input("请输入1到100之间的整数："))
if score >= 60:
    pass
else:
    print("不及格")
```

若输入 55，则输出的结果是(　　)。

A. 无输出　　　　B. pass

C. 不及格　　　　D. 程序报错

6. 给出如下代码：

```
File  Edit  Format  Run  Options  Window  Help
score = eval(input("请输入1到100之间的整数："))
if score >= 60:
    pass
else:
    print("不及格")
```

若输入 75，则输出的结果是(　　)。

A. 无输出　　　　B. pass

C. 不及格　　　　D. 程序报错

7. 给出如下代码：

```
File  Edit  Format  Run  Options  Window  Help
score = eval(input("请输入1到100之间的整数："))
if score < 60:
    print("你的成绩是{}".format(score))
print("不及格")
```

若输入 55，则输出的结果是(　　)。

A. 你的成绩是 55
不及格　　　　B. 你的成绩是 55

C. 不及格　　　　D. 无输出

8. 给出如下代码：

```
File  Edit  Format  Run  Options  Window  Help
score = eval(input("请输入1到100之间的整数："))
if score < 60:
    print("你的成绩是{}".format(score))
print("不及格")
```

若输入 75，则输出的结果是(　　)。

A. 你的成绩是 75
不及格　　　　B. 你的成绩是 75

C. 不及格　　　　D. 无输出

二、编程题

1. 编写程序，从键盘输入一个字符。如果是数字字符，则输出“这是一个数字字符”；如果是26个英文大小写字母，则输出“这是一个英文字符”；否则，输出“这是其他字符”。

2. 编写程序，从键盘输入两个整数。如果第一个数是奇数，则输出第一个数与第二个数的差；如果第一个数是偶数，则输出第一个数与第二个数的和。

3. 编写程序，找出100到300之间第一个能被17整除的数。

4. 编写程序，输出100到200之间能被3整除但不能被5整除的数，并统计有多少个。

5. 编写程序，输出1314到10 000之间所有能被521整除的数，并输出这些数的积。

6. 编写程序，输出1000以内所有的斐波那契数。

7. 编写程序，打印“水仙花数”。所谓“水仙花数”，是指一个N位的正整数($N \geqslant 3$)，其各位数字的N次幂的和等于这个数字本身。例如，153($153 = 1^3 + 5^3 + 3^3$)就是一个三位的水仙花数。请打印所有三位的水仙花数以及四位的水仙花数。

8. 编写程序，输出300以内的所有素数，并输出这些素数的个数。

9. 编写程序，要求用户从键盘输入某年的年份。若是闰年，则显示“闰年”，否则显示“平年”。

闰年是公历中的名词。闰年分为普通闰年和世纪闰年。普通闰年：公历年份是4的倍数，但不是100的倍数，这样的年份为普通闰年(如2004年就是普通闰年)。世纪闰年：公历年份是400的倍数，这样的年份为世纪闰年(如1900年不是世纪闰年，但2000年是世纪闰年)。

10. 编写程序，计算并输出$1/(1\times1) + 1/(3\times3) + 1/(5\times5) + \cdots + 1/(19\times19)$的值。

11. 编写程序，要求用户从键盘输入密码，验证密码的强度并输出结果。

弱密码：长度小于 8、纯数字字符、纯字母字符，以上三个条件只要符合其中之一，就是弱密码。

中密码：长度大于8，包含数字或字母的密码为中密码。

强密码：长度大于8，包含数字、大写字母、小写字母的密码为强密码。

第4章

函　　数

在现实生活中，为完成一项较复杂的任务，我们通常会将任务分解成若干子任务，并通过完成这些子任务，逐步实现任务的整体目标。

在程序设计中，实际上，这就是结构化程序设计方法中的模块化思想。当我们利用计算机解决实际问题时，通常也是将原始问题分解成若干子问题，在对每个子问题分别求解后，再根据各个子问题的解求得原始问题的解。

在 Python 中，子问题是通过函数的形式呈现的。函数就是组织好的、可以重复使用的、用来实现单一或相关功能的代码段。

函数能提高应用的模块化和代码的重复利用率。我们已经知道 Python 提供了许多内置函数，比如 print()、len()等。在本章，我们将学习编写用户自定义函数的相关知识。

4.1 函数的定义与调用

借鉴数学中函数的思想，在计算机领域，将一段经常使用的代码封装起来，记为 $y=f(x)$，f 称为函数名，x 称为参数，y 称为返回值。函数在需要时可以直接调用，并且返回结果。在 Python 中，函数的使用分为两个步骤：定义函数和调用函数。

4.1.1 定义函数

定义函数的语法格式如下：

```
def 函数名(形式参数列表):
    '''
    文档字符串
    关于函数的参数、功能及返回值的说明
    '''
        函数体
    return 返回值列表
```

注意：

- def 是定义函数的关键字，没它不行。
- 可根据函数名调用函数，函数名之后必须有一对圆括号，冒号是函数定义的组成部分。
- 形式参数列表用于为函数体提供数据，函数可以没有参数。

- 文档字符串是关于函数的参数、功能及返回值的说明，可以省略。
- 函数体是函数中进行的一系列具体操作，必须相对于 def 关键字向右缩进 4 个空格。
- 返回值列表的作用是，当函数执行完毕后，给调用者返回数据，函数可以没有返回值。

例 4-1　定义一个计算圆的面积的函数，参数为圆的半径，返回值为圆的面积。

代码示例如下：

```
# 定义函数
def circle_area(r):
    '''
    参数 r 为圆的半径，
    返回半径 r 对应的圆的面积。
    '''
    PI = 3.14
    area = 0
    if r > 0:
        area = PI * r ** 2
    return area
```

当运行这段代码时，你会发现并没有显示运行结果，为什么？

这是因为，定义函数后仅仅给了函数名称，指定了函数里面包含的参数，以及规定了函数将要执行的操作。换言之，我们只是根据函数的输入输出和数据处理完成了函数代码的编写，而并没有真正地执行函数。函数的执行通常是通过调用函数来实现的。

4.1.2　调用函数

调用函数的语法格式如下：

```
函数名(实际参数列表)
```

例 4-2　计算半径分别是 1、2、3 时圆的面积。

代码示例如下：

```
# 定义函数
def circle_area(r):
    '''
    参数 r 为圆的半径，
    返回半径 r 对应的圆的面积。
    '''
    PI = 3.14
    area = 0
    if r > 0:
        area = PI * r ** 2
    return area

# 调用函数
print("半径为{}时，圆的面积是{:.2f}".format(1,circle_area(1)))
print("半径为{}时，圆的面积是{:.2f}".format(2,circle_area(2)))
print("半径为{}时，圆的面积是{:.2f}".format(3,circle_area(3)))
```

程序的运行结果如图4-1所示。

```
================ RESTART: E:/
============
半径为1时，圆的面积是3.14
半径为2时，圆的面积是12.56
半径为3时，圆的面积是28.26
>>>
```

图4-1 例4-2的运行结果

调用函数也就是真正地执行函数中的代码，具体是指根据传入的数据完成特定的运算，并将运算结果返回到函数调用位置的过程。本例共调用了3次circle_area(r)函数，以分别计算半径是1、2、3时圆的面积。

4.2 函数的参数与返回值

一般情况下，定义函数时都会选择有参数的函数形式，参数的作用就是传递数据给函数。我们在使用函数时，经常会用到形式参数(简称"形参")和实际参数(简称"实参")。形式参数是指在定义函数时，函数名后面的圆括号中的参数；实际参数则是指在调用函数时，函数名后面的圆括号中的参数。

那么，实参是如何传递给形参的呢？

4.2.1 参数传递

当调用带参数的函数时，每个实参的引用值就被传递给形参。

如果实参的引用值是不可变对象(数值、字符串、元组等)，那么不管函数体中的形参有没有变化，实参都不受影响。

例4-3 不改变实参值的参数传递示例。

代码示例如下：

```
'''
例4-3 参考代码
'''
def increase(x):
    print("传入的实参值是",x)
    x += 100
    print("在函数内修改局部变量x的值，x =",x)

def main():
    x = 2
    print("调用increase函数前x =",x)
    print("现在调用increase函数：")
    increase(x)
    print("调用increase函数后x =",x)

main()
```

程序的运行结果如图 4-2 所示。

```
============
调用increase函数前x = 2
现在调用increase函数:
传入的实参值是 2
在函数内修改局部变量x的值, x = 102
调用increase函数后x = 2
>>>
```

图 4-2　例 4-3 的运行结果

如果实参是可变对象(列表、字典、集合等)，那么函数中形参值的变化也将导致实参值发生相应的变化。

例 4-4　改变实参值的参数传递示例。

代码示例如下：

```
'''
例 4-4 参考代码
'''
def increase(x):
    print("传入的实参值是",x)
    x[0] += 100
    print("在函数内修改局部变量 x 的值，x =",x)

def main():
    x = [1,2,3]
    print("调用 increase 函数前 x =",x)
    print("现在调用 increase 函数：")
    increase(x)
    print("调用 increase 函数后 x =",x)

main()
```

程序的运行结果如图 4-3 所示。

```
============
调用increase函数前x = [1, 2, 3]
现在调用increase函数:
传入的实参值是 [1, 2, 3]
在函数内修改局部变量x的值, x = [101, 2, 3]
调用increase函数后x = [101, 2, 3]
>>>
```

图 4-3　例 4-4 的运行结果

4.2.2　位置参数

在调用函数时，实参的值将被传递给形参。默认情况下，实参的个数及位置要与形参的个数及位置一致，也就是要求实参按形参在函数头中的定义顺序进行传递。

例 4-5 位置参数传递示例。

代码示例如下：

```
'''
例 4-5 参考代码
'''
def print_message(mes,n):
    for i in range(n):
        print(mes)

print_message("中国加油！",3)
```

程序的运行结果如图 4-4 所示。

```
============
中国加油！
中国加油！
中国加油！
>>>
```

图 4-4 例 4-5 的运行结果(一)

如果在上述代码中将函数调用语句改为：

```
print_message(3,"中国加油！")
```

那么程序在运行时将会抛出异常，如图 4-5 所示。

```
ex0405.py", line 5, in print_message
    for i in range(n):
TypeError: 'str' object cannot be interpreted as
an integer
>>>
```

图 4-5 例 4-5 的运行结果(二)

另外，当调用函数时，如果指定的实际参数和形式参数的位置不一致，但它们的数据类型相同，那么程序在运行时不会抛出异常，但这会导致运行结果和预期不符。这一点尤其要引起大家的注意。

4.2.3 关键字参数

关键字参数是指使用形式参数的名称来确定输入的参数值，即使用“形参名 = 值”的形式传递每个参数。有了关键字参数，实参便能以任何顺序出现。

例 4-6 关键字参数传递示例。

代码示例如下：

```
'''
例 4-6 参考代码
'''
```

```
def print_message(mes,n):
    for i in range(n):
        print(mes)

print_message(n=3,mes="中国加油！")
```

程序的运行结果与图4-4相同。

使用关键字参数可以避免牢记参数位置的麻烦，让函数的调用和参数传递更加灵活方便。

另外，位置参数和关键字参数可以混合使用，但是当调用函数时，所有位置参数都要出现在任何关键字参数之前。

4.2.4 带默认值的参数

Python 可以定义带默认值(形参提供明确的初始值)的形参。对于带默认值的形参，在进行函数调用时，如果没有对应的实参，就可以使用默认值；如果有对应的实参，那么仍然使用实参值。

带默认值的形参必须出现在形参表的右端。换言之，在带默认值的形参的右面，不能再有无默认值的形参出现。

例4-7 带默认值的参数传递示例。

代码示例如下：

```
'''
演示带默认值的参数传递。
'''
def cylinder_volume(r = 1,h = 10):    # 参数h的默认值是10
    v = 3.14 * r ** 2 * h
    print("半径为{}、高为{}的圆柱体\
        \n的体积为{:.2f}。".format(r,h,v))

cylinder_volume()                     # 圆柱体的半径和高都采用默认值
cylinder_volume(h=1)                  # 圆柱体的半径采用默认值，高为1
cylinder_volume(10,1)
```

程序的运行结果如图4-6所示。

```
======================= RESTART: E:/
==
半径为1、高为10的圆柱体
的体积为31.40。
半径为1、高为1的圆柱体
的体积为3.14。
半径为10、高为1的圆柱体
的体积为314.00。
>>>
```

图4-6 例4-7的运行结果

4.2.5 可变长参数

可变长参数有两种形式。

- 单星号参数：在形参前加一个星号*，表示可以接收任意多个参数。我们可以把接收的参数组合在一个元组内，以形参名作为元组名，并在函数内部对元组进行遍历。

- 双星号参数：在形参前加两个星号**，表示可以将关键字参数的值当成字典的形式传入。我们可以把接收的多个关键字实参组合在一个字典内，以形参名作为字典名，并在函数内部对字典进行遍历。

例4-8　单星号可变长参数示例。定义一个函数，功能如下：接收一名同学的考试成绩，输出这名同学的总成绩和平均分。

代码示例如下：

```
'''
演示单星号可变长参数。
'''
def grade_statistics(name,*score):
    sums = sum(score)                # 总成绩
    ave = sums/len(score)            # 平均分
    print("{}同学的总成绩是{},平均分是{:.2f}".format(name,sums,ave))

grade_statistics("张三",80,70,90)              # 张三考了3门课程
grade_statistics("李四",88,67,93,90,77)        # 李四考了4门课程
```

程序的运行结果如图4-7所示。

```
======================== RESTART: E:/
==
张三同学的总成绩是240,平均分是80.00
李四同学的总成绩是415,平均分是83.00
>>>
```

图4-7　例4-8的运行结果

例4-9　双星号可变长参数示例。定义一个函数，功能是输出传入函数的所有参数。

代码示例如下：

```
'''
演示双星号可变长参数。
'''
def student_info(name, **score):
    '''
    输出传入函数的所有参数
    '''
    print ("输出传入的参数：")
    print ("name：",name)
    print ("score：",score)

student_info("张三",数学=109,语文=128,外语=96.5,理综=186.5)
```

程序的运行结果如图4-8所示。

```
==
输出传入的参数:
name:  张三
score:  {'数学': 109, '语文': 128, '外语': 96.5, '理综': 186.5}
>>>
```

图4-8　例4-9的运行结果

4.2.6 函数的返回值

在 Python 中，自定义的函数可以使用 return 语句指定返回值，返回值可以是任意数据类型。在同一函数中，return 语句可以出现多条，但只要有一条得到执行，函数的执行就会结束。

例 4-10 定义一个函数，功能是判断输入的大于 1 的自然数是否为素数，并输出 200 到 300 之间所有的素数。

代码示例如下：

```
'''
例 4-10 参考代码
'''
def is_prime(n):
    '''
    判断 n 是否为素数
    '''
    for i in range(2,n):
        if n%i == 0:
            return False            #n 不是素数
    else:
        return True                 #n 是素数

count = 0
for n in range(200,300):
    if is_prime(n):                 # 调用 is_prime(n)函数，判断 n 是否为素数
        print(n,end=' ')
        count += 1                  # 统计素数的个数
        if count % 8 == 0:
            print()                 # 每输出 8 个素数就换行
print("\n200 到 300 之间共有{}个素数".format(count))
```

程序的运行果如图 4-9 所示。

```
======================== RESTART: E:/
==
211 223 227 229 233 239 241 251
257 263 269 271 277 281 283 293

200到300之间共有16个素数
>>>
```

图 4-9　例 4-10 的运行结果

4.3 匿名函数

除了前面讲的使用关键字 def 定义函数之外，Python 还支持使用 lambda 表达式定义匿名函数，这种函数又称为 lambda 函数，用来表示内部仅包含一行表达式的函数。

匿名函数的语法格式如下：

```
lambda 参数 1, 参数 2, … : 表达式
```

注意：

- lambda 是定义匿名函数的关键字。
- 参数可以有多个，之间用逗号分隔，等同于利用关键字 def 定义函数的形式参数；冒号是匿名函数定义的组成部分。
- 表达式只能有一个，等同于利用关键字 def 定义函数的函数体，表达式就是将要返回的值。

例 4-11 匿名函数示例。

代码示例如下：

```
'''
例 4-11 参考代码
'''
add = lambda x, y: x + y
print(add(4,5))                # 输出 9
```

这里相当于将匿名函数对象赋予函数名 add，参数为 x、y，返回值为 x + y。其实，这里等同于利用关键字 def 定义了函数 add：

```
def add(x,y):
    return x + y
print(add(4,5))                # 输出 9
```

对于函数体仅包含一行表达式的函数，使用匿名函数可以省去定义函数的过程，让代码更加简洁。匿名函数常用于 sorted()排序函数和 sort()排序方法，作用是指定排序规则。

4.4 函数的嵌套调用与递归调用

4.4.1 函数的嵌套调用

函数的嵌套调用是指在函数内又调用了其他函数，如图 4-10 所示。

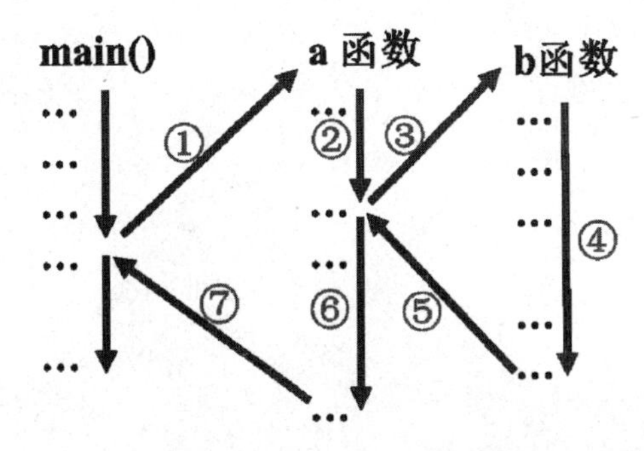

图 4-10 函数的嵌套调用示意图

我们以计算组合数$C_m^n = \frac{m!}{n!(m-n)!}$为例，介绍函数的嵌套调用。

例 4-12 编写程序，输入正整数 m 和 n，计算组合数$C_m^n = \frac{m!}{n!(m-n)!}$。

问题分析：

- 从表面看，这是一个相对较复杂的问题，似乎无从下手。但是，如果我们能够按照自顶向下、逐步求精的结构化程序设计方法仔细分析，问题其实并不难。
- 自顶向下是指在进行程序设计时，应先考虑总体，后考虑细节；还应先考虑全局目标，后考虑局部目标。另外，不要一开始就盯着细节不放，那样会束缚你的手脚；应先从最上层总目标开始设计，逐步使问题具体化。
- 逐步求精，是指对于复杂的问题，应设计一些子目标作为过渡，逐步细化。复杂问题一般都是由若干简单问题构成的，模块化就是把程序要解决的总目标分解为子目标，之后再把子目标进一步分解为具体的小目标，每一个小目标称为一个模块，以函数的形式实现。
- 在实现了一个个的小目标、子目标之后，总目标也就实现了。程序设计的总目标、总体思路以及解决问题的步骤，往往是通过主函数 main()体现的。
- 就本题而言，总目标就是输入两个正整数，输出相应的组合数，这将通过 main()函数来实现。通过进一步分析，我们发现在求组合数的过程中，3 次用到计算整数的阶乘；因此，计算整数的阶乘就可以作为一个小目标，可通过创建一个函数，实现这个小目标。实现了小目标后，求组合数这个子目标也就迎刃而解了。

代码示例如下：

```
'''
例 4-12 参考代码
输入正整数 m、n，求组合数
'''
def factorial(n):
    '''
    计算整数 n 的阶乘
    '''
    fn = 1
    for i in range(1,n+1):
        fn *= i
    return fn

def combination(m,n):
    '''
    计算 m、n 的组合数
    '''
    cmn = factorial(m)//(factorial(n)*factorial(m-n))      # 注意分母中圆括号的使用
    return cmn

def main():      # 主函数
```

```
    m = int(input("m = "))
    n = int(input("n = "))
    print("m、n 的组合数为",combination(m,n))

main()              # 调用主函数以执行程序
```

程序的运行结果如图 4-11 所示。

```
======================== RESTART: E:/
==
m = 5
n = 3
m、n的组合数为 10
>>>
```

图 4-11　例 4-12 的运行结果

上述程序从调用主函数 main()开始，在执行 main()函数的过程中，调用计算组合数的函数 combination(m,n)。在执行 combination(m,n)函数的过程中，反复 3 次调用计算整数阶乘的函数 factorial(n)，从而最终完成了求组合数的任务。

4.4.2　函数的递归调用

当函数直接或间接地调用自身时，称为函数的递归调用，如图 4-12 所示。函数的递归调用是嵌套调用的特例。

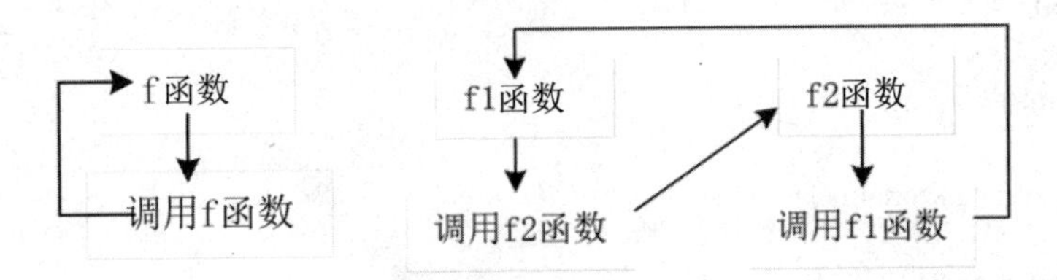

图 4-12　函数的递归调用示意图

注意：

- 如果一个函数在内部调用自身，就称这个函数为递归函数。递归函数一定要有递归条件和递归出口。
- 递归出口，就是递归函数必须有一个或几个明确的递归结束条件。
- 递归条件，就是函数调用自身，将大问题分解为类似的小问题，也称为递归体。
- 每一次递归之后，整个问题都要比原来规模更小，并且递归到一定层次时，要能到达递归出口，直接给出结果。

递归是计算机科学中的一种重要算法，也是求解问题的一种重要思想。人们通常使用递归算法来求解一些结构相似的问题。

所谓结构相似的问题，是指构成原问题的子问题与原问题在结构上相似，可以用类似的方法求解。整个问题的求解可以分为两部分：第一部分是一些特殊情况，能直接求解，这是递归出口；第二部分与原问题相似，但比原问题的规模小，并且最终会归结到第一部分的结果，这是递归条件。

递归由两个过程组成：递推和回归。递推，是指一步一步地把问题简化成形式相同但规模较小的情况，直至遇到递归结束条件——递归出口；回归，是指从递归出口开始，反向一步一步地计算当前子问题的结果，直至最终完成问题的求解。

例 4-13 编写程序，用递归计算 $n!$。

问题分析：

- 首先将 $n!$ 表达成递归函数的形式。

$$n! = \begin{cases} n \times (n-1)! & n > 0(\text{递归条件}) \\ 1 & n = 0(\text{递归出口}) \end{cases}$$

- $n! = n \times (n-1)!$，将求 $n!$ 转换成求 $(n-1)!$；求 $(n-1)!$ 又可以转换成求 $(n-2)!$，$(n-1)! = (n-1) \times (n-2)!$；重复这个过程，直至 $0! = 1$(递归出口)。这个过程就是“递推”。
- 当递推到“递归出口”时，就开始回归，通过 $0!$ 求出 $1!$，通过 $1!$ 求出 $2!$，…，通过 $(n-2)!$ 求出 $(n-1)!$，最后通过 $(n-1)!$ 求出 $n!$。这个过程就是“回归”。

代码示例如下：

```
'''
例 4-13 参考代码
'''
def factorial(n):
    if n == 0:
        return 1
    else:
        return n * factorial(n-1)

n = eval(input("请输入一个正整数："))
print("{}! = {}".format(n,factorial(n)))
```

程序的运行结果如图 4-13 所示。

```
======================== RESTART: E:/
==
请输入一个正整数：5
5! = 120
>>>
```

图 4-13　例 4-13 的运行结果

使用上述方法计算 5！的递归过程如图 4-14 所示。

递推过程	factorial(5)	# 第 1 次调用，实参为 5
	5 * factorial(4)	# 第 2 次调用，实参为 4
	5 * (4 * factorial(3))	# 第 3 次调用，实参为 3
	5 * (4 * (3 * factorial(2)))	# 第 4 次调用，实参为 2
	5 * (4 * (3 * (2 * factorial(1))))	# 第 5 次调用，实参为 1
	5 * (4 * (3 * (2 * (1 * factorial(0)))))	# 第 6 次调用，实参为 0
回归过程	5 * (4 * (3 * (2 * (1 * 1))))	# 从第 6 次调用返回
	5 * (4 * (3 * (2 * 1)))	# 从第 5 次调用返回
	5 * (4 * (3 * 2))	# 从第 4 次调用返回
	5 * (4 * 6)	# 从第 3 次调用返回
	5 * 24	# 从第 2 次调用返回
	120	# 从第 1 次调用返回

图 4-14 计算 5!的递归过程示意图

实际上，在上述递推过程中，调用的所有函数都将被暂时挂起，直到递归结束条件给出明确的结果后，才会对所有挂起的函数进行反向计算，开始回归过程。

递归的优点是定义简单，逻辑清晰，利用递归求解问题时，可以得到一种清晰、简洁的解决方案，使代码看起来更加整洁、优雅，易于将复杂问题分解成更简单的子问题；缺点是递归的逻辑很难调试、跟进，使用递归算法求解问题的运行效率相对较低，因为在递归调用的过程中，系统需要为每一层的返回点、局部变量开辟栈以存储相关结果，递归次数过多容易造成栈的溢出。

任何能用递归求解的问题，一般来说也都能用循环来求解，比如求阶乘。至于选用递归还是选用循环，取决于要求解的问题。通常来说，哪种可以设计出能更自然地反映问题本质的直观解决方案，就选用哪种。

4.5 变量的作用域

变量的作用域是指变量的有效范围，即变量可以在哪个范围以内使用。有些变量可以在整段代码的任意位置使用，而有些变量只能在函数内部使用。

变量的作用域由定义变量的位置决定，在不同位置定义的变量，它们的作用域是不一样的。在 Python 中，根据作用域的不同，可将变量分为局部变量和全局变量。

4.5.1 局部变量

局部变量又称内部变量，这种变量是在函数内部定义的，作用域仅限于函数内部，出了函数就不能使用了。

当调用函数时，Python 会为其分配一块临时的存储空间，所有在函数内部定义的变量，包括形式参数，都存储在这块存储空间中。当函数执行完毕后，这块临时的存储空间随即被释放并回收，因而里面存储的变量自然也就无法再使用了。

例 4-14　局部变量演示。

代码示例如下：

```
'''
例 4-14 参考代码
'''
def demo(x,y=99):
    add = x + y
    print("在函数内部 add =",add)
    print("在函数内部 y =",y)

demo(1,2)
print("在函数外部 y =",y)
```

程序的运行结果如图 4-15 所示。

```
======================== RESTART: E:/Python教材/ex0414.py
==
在函数内部add = 3
在函数内部y = 2
Traceback (most recent call last):
  File "E:/Python教材/ex0414.py", line 11, in <module>
    print("在函数外部y =",y)
NameError: name 'y' is not defined
>>>
```

图 4-15　例 4-14 的运行结果

变量 x、y、add 都是在函数 demo 内部定义的变量，它们是局部变量。当调用 demo(1,2)时，函数内部的输出语句会正常输出；但是，当在函数外部访问函数内部定义的变量 y 时，Python 解释器会抛出 NameError 异常，并提示没有定义想要访问的变量 y，这也证实了当函数执行完毕后，函数内部定义的变量会被释放并回收。

4.5.2　全局变量

全局变量又称外部变量，这种变量是在所有函数之外定义的，可被所有函数访问。

全局变量默认的作用域是整个程序，全局变量既可以在各个函数的外部使用，也可以在各个函数的内部使用。但是，如果全局变量与局部变量重名，那么在函数内部全局变量会被屏蔽，优先使用局部变量。

例 4-15　全局变量演示。

代码示例如下：

```
'''
例 4-15 参考代码
'''
x, y = 1, 2            # 全局变量
def demo(x,y=99):
    add = x + y
    print("在函数内部 add =",add)
    print("在函数内部 x =",x)
```

```
    print("在函数内部 y =",y)

demo(x)                # 此时形参 y 取默认值

print("在函数外部 x =",x)
print("在函数外部 y =",y)
```

程序的运行结果如图 4-16 所示。

```
======================== RESTART: E:/
==
在函数内部 add = 100
在函数内部 x = 1
在函数内部 y = 99
在函数外部 x = 1
在函数外部 y = 2
>>>
```

图 4-16 例 4-15 的运行结果

大家可以看到，全局变量 x 在函数 demo 内外都起作用；全局变量 y 与函数 demo 内部的局部变量 y 重名，在函数内部，局部变量优先，因此 y = 99；执行完 demo 函数后，全局变量 y = 2。

4.5.3 global 语句

Python 允许在函数体内定义全局变量。在函数体内使用 global 关键字对变量进行修饰后，变量就变为全局变量了。

例 4-16 使用 global 语句定义全局变量。

代码示例如下：

```
'''
例 4-16 参考代码
'''
x, y, z = 1, 2, 3          # 全局变量
def demo(x,y=99):
    global add         # 将 add 定义为全局变量
    global z           # 将 z 定义为全局变量
    add = x + y
    print("在函数内部 add =",add)
    print("在函数内部 x =",x)
    print("在函数内部 y =",y)
    print("在函数内部 z =",z)
    z = 8888           # 在函数内部修改外部变量的值

demo(x)                # 此时形参 y 取默认值

print("在函数外部 add =",add)
print("在函数外部 x =",x)
print("在函数外部 y =",y)
print("在函数外部 z =",z)
```

程序的运行结果如图 4-17 所示。

```
======================= RESTART: E:/
==
在函数内部 add = 100
在函数内部 x = 1
在函数内部 y = 99
在函数内部 z = 3
在函数外部 add = 100
在函数外部 x = 1
在函数外部 y = 2
在函数外部 z = 8888
>>>
```

图 4-17　例 4-16 的运行结果

大家可以看到，利用 global 关键字将 demo 函数内部的变量 add 和 z 定义为全局变量后，既可以在函数内部修改全局变量 z 的值，也可以在调用完 demo 函数后，继续使用变量 add。这样做可以增强程序的数据处理功能。

注意，在使用 global 关键字修饰变量时，不能直接给变量赋初值，否则会引发语法错误。

4.6 应用问题选讲

例 4-17　编写程序，用递归算法求解汉诺塔(Hanoi Tower)问题。

汉诺塔(又称河内塔)问题是一个经典问题，源于印度的一个古老传说。相传在古印度圣庙里，有一种被称为汉诺塔的游戏。在一块铜板装置上，有三根杆(编号 A、B、C)，在 A 杆上自下而上、由大到小按顺序放置了 64 个金盘。游戏的目标是，把 A 杆上的金盘全部移到 C 杆上，并仍按原有顺序放置好。操作规则是，每次只能移动一个金盘，并且在移动过程中，三根杆上都始终保持大盘在下、小盘在上。也就是说，任何时候，在小盘上都不能放大盘，且在三根杆之间一次只能移动一个金盘。在操作过程中，金盘可以置于 A、B、C 中的任何一个杆上。应该如何操作？

问题分析：

- 初看起来，这是一个很复杂的问题。如果一开始就想着如何才能将 64 个金盘从 A 杆移到 C 杆上，我们可能很快就会陷入僵局。我们虽然知道第一步一定是移动 A 杆上最上面的那个金盘，但是对于应该将其移到 B 杆还是 C 杆上，很难确定；并且接下来的第二步、第三步等步骤，都是很难确定的。如果你抱着试着移动一下的想法，接下来将面临越来越多的选择。如果对每一种选择都“试一下”的话，你很快就会发现，游戏将无法进行下去。我们肯定不应该这样盲目地进行尝试，而应当寻求一种可操作的方法。不妨从最简单的情况开始。
- 假如 A 杆上只有 1 个金盘，则只需要移动 1 次，就可将这个金盘移到 C 杆上，我们记这个移动过程为 A→C。
- 假如 A 杆上只有 2 个金盘，也不难解决。首先将 A 杆上最上面的金盘移到 B 杆上，然后将 A 杆上剩下的那个金盘移到 C 杆上，最后将 B 杆上的金盘移到 C 杆上，实现整体移动。我们记这个移动过程为 A→B、A→C、B→C，一共需要移动 3 次。

- 假如 A 杆上只有 3 个金盘，我们该怎么操作呢？先不要急着去试。我们先想一下，对于 1 个金盘、2 个金盘的情况我们已经会操作，对于 3 个金盘的情况能不能借鉴一下前面的办法呢？其实，我们可以按照前面的办法，借助 C 杆，首先将 A 杆上最上面的 2 个金盘移到 B 杆上，然后将 A 杆上的最后一个金盘移到 C 杆上，最后将 B 杆上的 2 个金盘，借助 A 杆移到 C 杆上，实现整体移动。我们记这个移动过程为(A→C，A→B，C→B)、A→C、(B→A，B→C，A→C)，一共需要移动 7 次。
- 3 个金盘的情况搞清楚了，问题基本上就解决了。一般来说，对于 A 杆上有 *n* 个金盘的情况，可以假设首先将最上面的 *n*−1 个金盘借助 C 杆移到 B 杆上，然后将 A 杆上的最后一个金盘移到 C 杆上，最后将 B 杆上的 *n*−1 个金盘，借助 A 杆移到 C 杆上，实现整体移动。
- 这是一种典型的递归算法，需要构建递归函数。对于将 A 杆上的 *n* 个金盘借助 B 杆移到 C 杆上的移动过程用函数 hanoi(*n*,a,b,c)表示，这样 hanoi(*n*−1,a,c,b)就表示将 A 杆上的 *n*−1 个金盘借助 C 杆移到 B 杆上；当 *n*=1 时，hanoi(1,a,b,c)表示将 A 杆上的最后 1 个金盘移到 C 杆上，我们用 A→C 表示，这是递归函数的出口。

代码示例如下：

```
'''
例 4-17 参考代码
'''
def hanoi(n,a,b,c):
    if n == 1:
        print("{}—>{}".format(a,c))          # 将一个金盘由 a 移到 c
    else:
        hanoi(n-1,a,c,b)                     # 借助 c 将 n-1 个金盘由 a 移到 b
        print("{}—>{}".format(a,c))          # 将一个金盘由 a 移到 c
        hanoi(n-1,b,a,c)                     # 借助 a 将 n-1 个金盘由 b 移到 c

n = int(input("请输入金盘的个数 n = "))
print("金盘的移动顺序为：")
hanoi(n,'A','B','C')
```

程序的运行结果如图 4-17 所示。

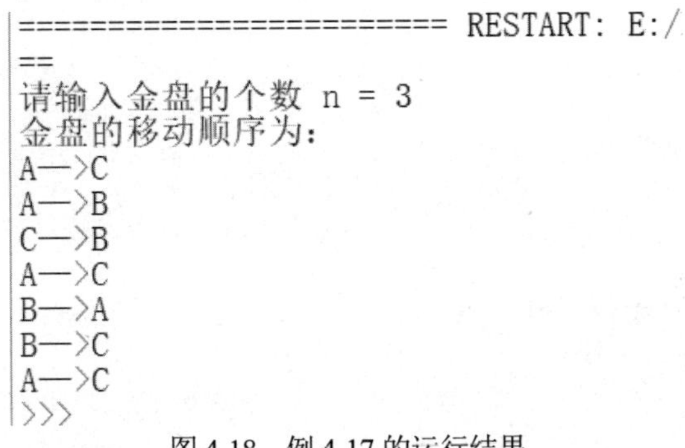

图 4-18　例 4-17 的运行结果

问题的进一步分析：

- 图 4-18 给出了 3 个金盘的移动顺序，共移动 7 次。我们先不要急着去看 64 个金盘的移动顺序，而是静下心来分析一下金盘的个数与需要移动的次数的关系。1 个金盘移动 1 次，2 个金盘移动 3 次，3 个金盘移动 7 次，4 个金盘就应该移动 $7×2+1=15$ 次，假设 $n-1$ 个金盘移动 $2^{n-1}-1$ 次，那么 n 个金盘就应该移动 $(2^{n-1}-1)×2+1=2^n-1$ 次，由数学归纳法可知，n 个金盘的移动次数为 2^n-1。
- 64 个金盘需要移动 $2^{64}-1=18\ 446\ 744\ 073\ 709\ 551\ 615$ 次。如果假设每秒移动一次，一年总共 31 536 000 秒，那么一刻不停地移动完 64 个金盘，需要 584 942 417 355 年。这是一个天文数字。即使借助于计算机，假设计算机每秒能移动 1 亿次，也需要大概 5849 年才能移动完。

例 4-18 编写程序，过滤无效的商品评价。

列表 book_com 是我们采集的京东商城上某图书的评价，请使用计算文本重复率的方法(参见例 2-3)，过滤掉 book_com 里无效的评价。我们以文本重复率小于 50%为过滤条件，利用 filter()函数筛选列表里面的评论。

代码示例如下：

```
'''
例 4-18 参考代码
'''
book_com = ['很好，书的角落稍微有些折页，应该是商家存放的问题，不过没大碍',
            '备考用，质量很好，内容还没看。京东快递就是快。一如即往地支持京东。',
            '哈哈哈哈哈哈哈哈哈哈',
            '翻看了一下，有些东西对于文科生来说还是有点深',
            '还行，还行，还行！还行！',
            '印刷清晰无误，值得购买',
            '包装牢固，发货速度快，订购方便快捷，考试必备。',
            '好好好好 ^_^?，好好好好好好好',
            '系统学习下相关内容，工作中接触的也不少，但是不专业，话说有活动的时候买书很划算。
            好评。']
#输出原始评论
print('+++++++++原始评价+++++++++')
for x in book_com:
    print(x)
#过滤无效评论
rule = lambda s:len(set(s))/len(s)>0.5          #过滤条件为评论的重复率小于 50%
new_com = filter(rule,book_com)                 #过滤不符合条件的列表元素
print('+++++++++过滤后的评价+++++++++')
for x in new_com:
    print(x)
```

程序的运行结果如图 4-19 所示。

```
======================== RESTART: E:/Python/ex0418.py ============
=========
+++++++++原始评价+++++++++
很好，书的角落稍微有些折页，应该是商家存放的问题，不过没大碍
备考用，质量很好，内容还没看。京东快递就是快。一如即往地支持京东。
哈哈哈哈哈哈哈哈哈
翻看了一下，有些东西对于文科生来说还是有点深
还行，还行，还行！还行！
印刷清晰无误，值得购买
包装牢固，发货速度快，订购方便快捷，考试必备。
好好好好ヾ ^_^?，好好好好好好好
系统学习下相关内容，工作中接触的也不少，但是不专业，话说有活动的时候买书很划算。好评。
+++++++++过滤后的评价+++++++++
很好，书的角落稍微有些折页，应该是商家存放的问题，不过没大碍
备考用，质量很好，内容还没看。京东快递就是快。一如即往地支持京东。
翻看了一下，有些东西对于文科生来说还是有点深
印刷清晰无误，值得购买
包装牢固，发货速度快，订购方便快捷，考试必备。
系统学习下相关内容，工作中接触的也不少，但是不专业，话说有活动的时候买书很划算。好评。
```

图4-19 例4-18的运行结果

4.7 习 题

一、选择题

1．下面代码的输出结果是(　　)。

```
File  Edit  Format  Run  Options  Window  Help
def func(num):
    num += 1
a = 10
func(a)
print(a)
```

A. 出错　　　　B. int

C. 10　　　　D. 11

2．下面代码的输出结果是(　　)。

```
File  Edit  Format  Run  Options  Window  Help
def func(num):
    num += 1
    global a
    a += 1
a = 10
func(a)
print(a)
```

A. 出错　　　　B. int

C. 10　　　　D. 11

3．下面代码的输出结果是(　　)。

```
File  Edit  Format  Run  Options  Window  Help
def fib(n):
    a, b = 1, 1
    for i in range(n-1):
        a, b = b, a+b
    return a

print(fib(7))
```

A. 8　　B. 13
C. 5　　D. 21

4. 下面代码的输出结果是(　　)。

```
File  Edit  Format  Run  Options  Window  Help
def hello_world():
    print('ST', end="*")
def three_hellos():
    for i in range(3):
        hello_world()
three_hellos()
```

A. ST*　　B. ***
C. ST*ST*　　D. ST*ST*ST*

5. 下面代码的输出结果是(　　)。

```
File  Edit  Format  Run  Options  Window  Help
f = lambda x, y:y+x

print(f(10, 10))
```

A. 10　　B. 100
C. 10,10　　D. 20

6. 下面代码的输出结果是(　　)

```
File  Edit  Format  Run  Options  Window  Help
a = 1
def fun(a):
    a = a + 2
    return a
print(a, fun(a))
```

A. 3 1　　B. 1,3
C. 1 3　　D. 3,3

7. 下面代码的输出结果是(　　)。

```
File  Edit  Format  Run  Options  Window  Help
def fun(a, b):
    a = 10
    b += a

a, b = 4, 5
fun(a, b)
print(a, b)
```

A. 4 5　　B. 10 5

C. 4 15　　D. 10 15

8．下面代码的输出结果是(　　)。

```
File  Edit  Format  Run  Options  Window  Help
def fun(a=1):
    return a + 1

b = fun(fun(fun()))
print(b)
```

A. 1　　B. 2

C. 3　　D. 4

二、编程题

1．编写函数，参数为一个正整数 *n*，输出斐波那契数列的前 *n* 项。

2．编写函数，参数为一个正整数 *n*，利用递归获取斐波那契数列的第 *n* 个数并返回。

3．编写函数，判断正整数 *n* 是否为素数，并打印 200 以内的所有素数，以空格分隔。

4．一只猴子第 1 天摘下若干桃子，吃了一半，还不过瘾，又多吃了一个。第 2 天早上，这只猴子又将剩下的桃子吃掉一半，然后又多吃了一个。以后每天早上，这只猴子都吃了前一天剩下桃子的一半另加一个。到了第 10 天早上，当这只猴子想再吃桃子时，就只剩下一个桃子了。编写程序，求第 1 天这只猴子共摘了多少个桃子。

第5章

组合数据类型

在 Python 中，组合数据类型包括列表、元组、字典和集合。组合数据类型能将不同类型的数据组织在一起，实现更复杂的数据表示和数据处理功能。在第 2 章，我们已经简单介绍了列表、元组、字典和集合的基本概念；在本章，我们将进一步学习组合数据类型的基本操作和典型应用。

5.1 列 表

5.1.1 列表及其操作方法

在第 2 章，我们介绍过，列表是包含零个或多个数据的有序序列，其语法格式为：

```
列表名 =[数据 1, 数据 2, …, 数据 n]
```

列表是序列类型的数据结构，可以用索引和切片的方式访问列表中的元素。此外，还有一些常用的操作符可以实现对列表数据的增、删、改、查，如表 5-1 所示。

表 5-1 列表的常用操作

操作符	功能描述
ls[*i*] = x	将列表 ls 的第 *i* 项元素替换为 x
ls[*i*:*j*] = lst	用列表 lst 替换列表 ls 的第 *i*~*j* 项元素(不含第 *j* 项)
del ls[*i*:*j*]	删除列表 ls 的第 *i*~*j* 项元素(不含第 *j* 项)
ls + lst	连接两个列表
ls * *n* 或 *n* * ls	将列表 ls 自身连接 *n* 次
len(ls)	返回列表 ls 的长度，即列表 ls 所含元素的个数
max(ls)	返回列表 ls 的最大元素，列表元素的类型相同
min(ls)	返回列表 ls 的最小元素，列表元素的类型相同
sum(ls)	返回列表 ls 的累加和，列表元素为数值类型
ls += lst	将列表 lst 中的所有元素添加到列表 ls 的尾部

(续表)

操作符	功能描述
ls.append(x)	将元素 x 添加到列表 ls 的尾部
ls.extend(lst)	将列表 lst 中的所有元素添加到列表 ls 的尾部
ls.insert(index,x)	在列表 ls 的指定位置——index 处添加元素 x，该元素之后的所有元素后移一个位置
ls.remove(x)	在列表 ls 中删除首次出现的指定元素，该元素之后的所有元素前移一个位置
ls.pop([index])	删除并返回列表 ls 中下标为 index(默认为－1)的元素
ls.clear()	删除列表 ls 中的所有元素，但保留列表对象
ls.index(x)	返回列表 ls 中第一个值为 x 的元素的下标，若不存在值为 x 的元素，则抛出异常
ls.count(x)	返回指定元素 x 在列表 ls 中出现的次数
ls.reverse()	对列表 ls 中的所有元素进行逆序
ls.sort(key=None,reverse=False)	对列表 ls 中的元素进行排序，key 用来指定排序依据，reverse 决定了升序(False)还是降序(True)
ls.copy()	返回列表 ls 的浅复制

相关示例如下：

```
>>> score_ls = [83,75,68,92,88,97]
>>> score_ls.append(100)                    # 在列表的末尾添加 100
>>> score_ls
[83, 75, 68, 92, 88, 97, 100]
>>> score_ls.insert(0,50)                   # 在列表中下标为 0 的位置添加 50
>>> score_ls
[50, 83, 75, 68, 92, 88, 97, 100]
>>> score_ls.pop()                          # 删除列表中的最后一个元素，返回删除的值
100
>>> score_ls
[50, 83, 75, 68, 92, 88, 97]                # 已删除列表中的最后一个元素
>>> score_ls.remove(50)                     # 删除列表中第一次出现的指定元素
>>> score_ls
[83, 75, 68, 92, 88, 97]
>>> score_ls.remove(80)                     # 删除列表中不存在的元素，系统报错
Traceback (most recent call last):
  File "<pyshell#78>", line 1, in <module>
    score_ls.remove(80)
ValueError: list.remove(x): x not in list
>>> score_ls.index(68)                      # 查找元素在列表中的位置
2
>>> score_ls.index(100)                     # 查找的元素不在列表中，系统报错
Traceback (most recent call last):
```

```
  File "<pyshell#75>", line 1, in <module>
    score_ls.index(100)
ValueError: 100 is not in list
>>> score_ls.sort()                              # 将列表升序排列
>>> score_ls
[68, 75, 83, 88, 92, 97]
>>>
```

5.1.2　遍历列表

遍历列表中的所有元素是列表的常用操作，在遍历的过程中，可以完成查询和逐个处理列表数据的功能。遍历列表时通常使用 for 循环，其语法格式如下：

```
for item in listname:
    对 item 进行数据处理
```

其中，各参数的具体含义如下。

- item：用于保存获取的元素值，若要输出元素的内容，直接输出 item 变量即可。
- listname：将要遍历的列表的名称。

例 5-1　编写程序，求一个班级考试成绩的最高分、最低分、平均分、优秀率。考试成绩存放在 scores 列表中，不允许使用 Python 内置的 len()、max()、min()、sum()函数。

```
scores = [42, 85, 84, 91, 73, 97, 73, 72, 60, 84, 79, 69, 57, 42, 48,
          88, 86, 97, 90, 86, 81, 99, 57, 63, 97, 85, 67, 78, 51, 82]
```

问题分析：

- 在第 2 章，我们已经利用 Python 内置的函数讨论过该问题。但是，因为本题不允许使用 Python 内置的 len()、max()、min()、sum()函数，所以相应的功能需要我们自行编写函数来实现，它们分别名为 mylen、mymax、mymin、mysum。
- 在这里要特别注意如何求有限数的最大值(最小值)。

代码示例如下：

```
'''
例 5-1 参考代码
'''
def mylen(ls):                  # 求列表长度
    count = 0
    for v in ls:
        count += 1
    return count

def mymax(ls):                  # 求列表元素的最大值
    lmax = ls[0]                # 首先假设列表的第一个元素为最大值 lmax
    for v in ls:                # 遍历列表
        if v > lmax:            # 如果当前元素 v 的值比当前的最大值 lmax 还大
            lmax = v            # 就使当前元素 v 成为当前的最大值，将 v 赋值给 lmax
    return lmax                 # 最终使 lmax 指向列表的最大值
```

```
def mymin(ls):                    # 求列表元素的最小值
    lmin = ls[0]
    for v in ls:
        if v < lmin:
            lmin = v
    return lmin

def mysum(ls):                    # 求列表元素的数值之和
    lsum = 0
    for v in ls:
        lsum += v
    return lsum

def main():                       # 主函数
    scores = [42, 85, 84, 91, 73, 97, 73, 72, 60, 84, 79, 69, 57, 42, 48,
              88, 86, 97, 90, 86, 81, 99, 57, 63, 97, 85, 67, 78, 51, 82]
    print("最高分为{}".format(mymax(scores)))
    print("最低分为{}".format(mymin(scores)))
    print("平均分为{:.2f}".format(mysum(scores)/mylen(scores)))

    count90 = 0                   # 90 分以上的人数
    for v in scores:
        if v >= 90:
            count90 += 1

    print("优秀率为{:.2%}".format(count90/mylen(scores)))

main()                            # 调用主函数
```

程序的运行结果如图 5-1 所示。

```
======================== RESTART: E:/
==
最高分为99
最低分为42
平均分为75.43
优秀率为20.00%
>>>
```

图 5-1 例 5-1 的运行结果

5.1.3 复制列表

为了数据安全起见，我们经常需要创建列表的副本，即复制列表，使其与原列表分离，这样后续使用新列表时便不会对原列表产生影响。

我们先来看一下图 5-2 和图 5-3 所示的列表复制方式是否有效。

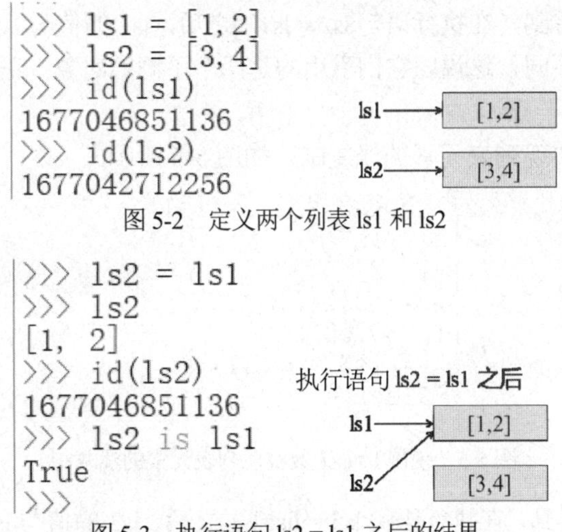
>>> ls1 = [1,2]
>>> ls2 = [3,4]
>>> id(ls1)
1677046851136
>>> id(ls2)
1677042712256
ls1
[1,2]
ls2
[3,4]
>>> ls2 = ls1
>>> ls2
[1, 2]
>>> id(ls2)
1677046851136
>>> ls2 is ls1
True
>>>
执行语句 ls2 = ls1 之后
ls1
[1,2]
ls2
[3,4]

图 5-2　定义两个列表 ls1 和 ls2

图 5-3　执行语句 ls2 = ls1 之后的结果

图 5-2 定义了两个列表 ls1 和 ls2，图 5-3 展示了执行语句 ls2 = ls1 之后的结果。我们看到：

- 执行语句 ls2 = ls1 之后，ls2 之前指向的列表[3,4]将不再被引用，变成了垃圾，占用的内存空间也将由 Python 自动回收并重新使用。
- 执行语句 ls2 = ls1 之后，ls2 的 id 和 ls1 的 id 是一样的，ls2 与 ls1 引用的都是列表[1,2]。
- 语句 ls2 is ls1 的返回结果为 True，这表明 ls2 与 ls1 实际上是同一个列表变量。

也就是说，像这样通过直接赋值的方式将变量赋给另一个变量，得到的新列表跟原列表是一样的，因而这种方式无法实现我们所说的创建列表的副本或复制列表的功能。

在第 2 章我们就知道，Python 中的变量和对象之间的关联称为引用；创建一个对象并把它赋值给一个变量之后，就建立了这个变量与对象之间的引用关系；如果再将这个变量赋值给另一个变量，就建立了第二个变量与对象之间的引用关系，这两个变量将引用同一个对象；对于这样一个被多个变量引用的对象来说，如果这个对象还是可变的，那么对其中任何一个变量的改变都可能会影响到其他变量。

复制列表通常有以下几种方式：

(1) 通过截取元素实现列表元素的**浅复制**，如图 5-4 所示。

```
>>> ls1 = [1,2]
>>> ls2 = [3,4]
>>> id(ls1)
1968075569152
>>> id(ls2)
1968075215488
>>> ls2 = ls1[:]
>>> ls2
[1, 2]
>>> id(ls2)
1968075569664
>>> ls2 is ls1
False
>>>
```

图 5-4　通过截取元素实现列表元素的浅复制

在图 5-4 中，我们看到，在执行语句 ls2 = ls1[:]之后，ls2 的值与 ls1 的值相同，都是[1,2]。但 ls2 的 id 与 ls1 的 id 不同，这说明它们引用的是两个不同的对象；语句 ls2 is ls1 的返回结果为 False，这也证实了这一点。

(2) 使用 list()函数实现列表元素的浅复制，如图 5-5 所示。

```
>>> ls3 = list(ls1)
>>> ls3
[1, 2]
>>> id(ls3)
1968075502400
>>> ls3 is ls1
False
>>>
```

图 5-5　使用 list()函数实现列表元素的浅复制

在图 5-5 中，我们看到，在执行语句 ls3 = list(ls1)之后，ls3 的值与 ls1 的值相同，都是[1,2]。但 ls3 的 id 与 ls1 的 id 不同，这说明它们引用的是两个不同的对象；语句 ls3 is ls1 的返回结果为 False，这也证实了这一点。

(3) 使用 ls.copy()方法实现列表元素的浅复制，如图 5-6 所示。

```
>>> ls4 = ls1.copy()
>>> ls4
[1, 2]
>>> id(ls4)
1968075504832
>>> ls4 is ls1
False
>>>
```

图 5-6　使用 ls.copy()方法实现列表元素的浅复制

在图 5-6 中，我们看到，在执行语句 ls4 = ls1.copy()之后，ls4 的值与 ls1 的值相同，都是[1,2]。但 ls4 的 id 与 ls1 的 id 不同，这说明它们引用的是两个不同的对象；语句 ls4 is ls1 的返回结果为 False，这也证实了这一点。

那么，为什么我们把上述三种复制列表的方法称为浅复制呢？看一下图 5-7 所示的示例，你就明白了。

```
>>> ls5 = [1, 2, [3, 4]]
>>> id(ls5)
1968075217216
>>> ls6 = ls5.copy()
>>> ls6
[1, 2, [3, 4]]
>>> ls6[2][1] = 99
>>> ls6
[1, 2, [3, 99]]
>>> ls5
[1, 2, [3, 99]]
>>>
```

图 5-7　列表的浅复制示例

在图 5-7 中，我们看到，在执行语句 ls6 = ls5.copy()之后，ls6 的值与 ls5 的值相同，都是

[1,2,[3,4]]。在执行语句 ls6[2][1] = 99 之后，ls6 的值变为[1,2,[3,99]]，同时 ls5 的值也变为[1,2,[3,99]]。这就是我们把以上三种复制列表的方法称为浅复制的原因。当所引用列表中的元素有可变对象时，以上三种复制列表的方法都有可能产生副本列表与原列表之间的关联关系。

(4) 为了避免浅复制，我们通常使用 copy 模块中的 deepcopy()方法来实现列表的复制操作，这称为深复制，如图 5-8 所示。

```
>>> import copy     # 导入copy模块
>>> ls5
[1, 2, [3, 99]]
>>> ls7 = copy.deepcopy(ls5)
>>> ls7
[1, 2, [3, 99]]
>>> ls7[2][1] = -888
>>> ls7
[1, 2, [3, -888]]
>>> ls5
[1, 2, [3, 99]]
>>>
```

图 5-8　使用 ls.deepcopy()方法实现列表元素的深复制

在图 5-8 中，语句 import copy 用于导入 copy 模块，语句 ls7 = copy.deepcopy(ls5)用于将 ls5 复制给 ls7，ls7 的值与 ls5 的值相同，都是[1,2,[3,99]]。在执行语句 ls7[2][1] = －888 之后，ls7 的值变为[1,2,[3,－888]]，但与此同时，ls5 的值并没有改变，还是原来的[1,2,[3,99]]。由此可见，深复制方法能够真正实现列表的复制，使副本列表跟原列表分离。

5.1.4　列表推导式

列表推导式能够通过一种非常简简捷的方式，快速生成满足特定条件的列表。从某种意义上来说，列表推导式类似于数学中“集合”的描述法表达方式，代码具有非常强的可读性。列表推导式的语法格式如下：

```
ls = [表达式 for 变量 in 序列或迭代对象]
```

其中，各参数的具体含义如下。

- ls：所生成列表的名称。
- 表达式：用于计算列表元素。
- for 循环：用于计算表达式的值。

代码示例如下：

```
>>> ls = [i for i in range(10)]                        # 使用 range()函数生成一个列表
>>> ls
[0, 1, 2, 3, 4, 5, 6, 7, 8, 9]
>>> scores = [42, 85, 84, 91, 73, 97, 73, 72, 60, 84, 79, 69, 57, 42, 48,
              88, 86, 97, 90, 86, 81, 99, 57, 63, 97, 85, 67, 78, 51, 82]
>>> range70 = [s for s in scores if 70 <= s < 80]      # 在列表中筛选满足指定条件的元素
>>> range70                                            # 生成一个新的列表
[73, 73, 72, 79, 78]                                   # 得到处于 70~80 分数段的所有成绩
>>>
```

5.1.5 二维列表

二维列表是这样一种列表，这种列表的元素还是列表。二维列表中的信息以行和列的形式表示，第一个下标代表元素所在的行，第二个下标代表元素所在的列。二维列表示例如图 5-9 所示。

```
>>> multils = [[1,2,3],[4,5,6],[7,8,9]]
>>> multils
[[1, 2, 3], [4, 5, 6], [7, 8, 9]]
>>> len(multils)
3
>>> multils[0]
[1, 2, 3]
>>> multils[2]
[7, 8, 9]
>>> multils[2][2]
9
>>> multils[1][1]
5
>>>
```

图 5-9 二维列表示例

例 5-2 已知学生的信息以列表的形式给出，编写程序，实现按姓名查找学生信息。学生信息示例如下：

```
stu = [["2019001","张三",19,[85,78,93]], ["2019002","李四",21,[68,77,81]],
       ["2019003","王五",18,[91,82,94]], ["2019004","赵六",20,[70,72,80]]]
```

代码示例如下：

```
'''
例 5-2 参考代码
'''
stu = [["2019001","张三",19,[85,78,93]],
       ["2019002","李四",21,[68,77,81]],
       ["2019003","王五",18,[91,82,94]],
       ["2019004","赵六",20,[70,72,80]]]

name = input("请输入要查找学生的姓名：")

for i in range(len(stu)):
    if name == stu[i][1]:
        print(stu[i])
```

程序的运行结果如图 5-10 所示。

```
======================= RESTART: E:/
==
请输入要查找学生的姓名：李四
['2019002', '李四', 21, [68, 77, 81]]
>>>
```

图 5-10 例 5-2 的运行结果(一)

当然，这个程序还有不足之处，需要进一步完善。一方面，如果输入了学生信息中没有的姓名，程序不会有任何提示；另一方面，每次查找都要运行一次程序，不符合大家的信息查询习惯。

进一步完善后的代码示例如下：

```
'''
对例 5-2 进一步完善后的参考代码
'''
stu = [["2019001","张三",19,[85,78,93]],
       ["2019002","李四",21,[68,77,81]],
       ["2019003","王五",18,[91,82,94]],
       ["2019004","赵六",20,[70,72,80]]]

while True:                          # 开始查询
    name = input("请输入学生姓名(输入'q'退出查询)：")

    if name == 'q':
        print("你已退出查询！")
        break                    # 如果输入的是查询结束标记'q'，则退出查询

    for i in range(len(stu)):
        if name == stu[i][1]:
            print("你查找的学生信息：",stu[i])
            break              # 如果找到要查询的学生，就退出 for 循环
    else:                            # for 循环的 else 语句，当循环正常结束时，执行 else 语句
        print("抱歉，没有你要查找的学生信息。")
```

程序的运行结果如图 5-11 所示。

```
======================= RESTART: E:/Python教材/ex0502_2.py
==
请输入学生姓名(输入'q'退出查询)：张三
你查找的学生信息： ['2019001', '张三', 19, [85, 78, 93]]
请输入学生姓名(输入'q'退出查询)：王五
你查找的学生信息： ['2019003', '王五', 18, [91, 82, 94]]
请输入学生姓名(输入'q'退出查询)：钱七
抱歉，没有你要查找的学生信息。
请输入学生姓名(输入'q'退出查询)：q
你已退出查询！
>>>
```

图 5-11　例 5-2 的运行结果(二)

5.2 元 组

第 2 章介绍过，元组是用一对圆括号括起来的多个元素的有序集合。与列表不同的是，元组是不可变序列类型；对元组的访问与列表类似，但元组创建后不能修改。元组的语法格式为：

```
元组名 =(数据 1, 数据 2, …, 数据 n)
```

元组是序列类型的数据结构，允许以索引和切片的方式访问元组中的元素。元组是不可变序列，与列表相比，不提供数据的增、删、改功能，除了Python内置函数max()、min()、sum()和len()可以继续使用之外，只有count()和index()方法可以使用。示例如下：

```
>>> tp = (1,2,2,2,3,3,4,5)
>>> tp.count(2)                # 返回元组中指定元素出现的次数
3
>>> tp.index(3)                # 返回元组中指定元素第一次出现时的下标
4
>>>
```

因为元组的不可变性，以元组类型存储的数据可以防止误操作或被别人随意修改，所以元组常用来保存比较重要的、不需要修改的数据，从而使代码更安全。

5.3 字 典

5.3.1 字典及其操作方法

第2章介绍过，字典是用一对花括号括起来的“键:值”对元素的集合。“键”是关键字，“值”是与关键字相关的信息，一个“键”对应一个“值”，通过“键”可以访问与其关联的“值”，反之则不行。字典的语法格式为：

```
字典名 = {键1:值1,键2:值2,键3:值3,…,键n:值n}
```

字典是可变数据类型，可以通过“字典名[键] = 值”的形式来修改和插入元素。如果在字典中没有找到指定的“键”，则在字典中插入一个“键:值”对；如果找到了，则用指定的“值”替换现有值。

字典中的“键”是不可变的，可以使用数字、字符串或元组，但不能使用列表。

除了可以按上面的语法格式直接创建字典之外(参见第2章)，还可以利用dict()函数，通过已有的数据快速创建字典。

通过映射函数zip()创建字典的语法格式如下：

```
dictionary = dict(zip(ls1,ls2))
```

其中，各参数的具体含义如下。

- dictionary：所创建字典的名称。
- dict()函数：类型转换函数，用于将键值对类型的元组序列转换为字典。
- zip()函数：作用是将ls1和ls2列表或元组中对应位置的元素组合为元组，并返回包含这些内容的zip对象。对于zip对象，可以使用tuple()函数转换为元组，使用list()函数转换为列表，使用dict()函数转换为字典。
- ls1：列表或元组，用于指定想要创建的字典的“键”。
- ls2：列表或元组，用于指定想要创建的字典的“值”。如果ls1和ls2的长度不同，则以最短的长度为准。

代码示例如下：

```
>>> tp = ('a','b','c')
>>> ls = [97,98,99,100]
>>> zp = zip(tp,ls)                    # 将元组 tp 和列表 ls 中对应位置的元素组合为元组
>>> zp
<zip object at 0x00000289BE17E940>     # 返回包含这些内容的 zip 对象
>>> type(zp)                           # 返回 zp 对象的数据类型，结果为<class 'zip'>
<class 'zip'>
>>> list(zp)                           # 将 zip 对象 zp 转换为列表
[('a', 97), ('b', 98), ('c', 99)]
>>> dict(zp)                           # zip 对象被调用完之后变为"空"的
{}                                     # 因此，这里得到的是一个空字典
>>> zp = zip(tp,ls)
>>> dict(zp)                           # 将 zip 对象 zp 转换为字典
{'a': 97, 'b': 98, 'c': 99}            # 将元组 tp 作为字典的"键"
>>>
```

字典中常用的操作方法及功能描述如表 5-2 所示。

表 5-2　字典中常用的操作方法及功能描述

操作方法	功能描述
d.clear()	删除字典 d 中的所有"键:值"对
d.copy()	返回字典的浅复制结果
d.keys()	返回字典 d 中的所有"键"，可以使用 list()函数转换为列表
d.values()	返回字典 d 中的所有"值"，可以使用 list()函数转换为列表
d.items()	返回可遍历的(键,值)元组列表
d.get(key,default)	若存在与 key 相同的"键"，则返回相应的"值"，否则返回默认值 default
d.pop(key,default)	若存在与 key 相同的"键"，则返回相应的"值"，同时删除这个"键:值"对，否则返回默认值 default
d.popitem()	从字典中随机取出一个"键:值"对，以元组(键,值)的形式返回，同时从字典中删除这个"键:值"对
del d[key]	删除字典 d 中与 key 对应的"键:值"对
d1.update(d2)	更新字典，参数 d2 为将要更新的内容
key in d	如果字典 d 中存在与 key 相同的"键"，则返回 True

相关示例如下：

```
>>> d = {"数学":109,"语文":128,"外语":96.5,"理综":186.5}
>>> d
{'数学': 109, '语文': 128, '外语': 96.5, '理综': 186.5}
>>> d.keys()                           # 返回字典 d 中的所有"键"
dict_keys(['数学', '语文', '外语', '理综'])
>>> d.get("语文",60)                   # 若存在"语文"这个"键"，则返回相应的"值"128
128
```

```
>>> d.get("物理",60)                      # 若不存在“物理”这个“键”，则返回默认值 60
60
>>> d.items()                             # 返回字典 d 中的所有“键:值”对
dict_items([('数学', 109), ('语文', 128), ('外语', 96.5), ('理综', 186.5)])
>>> d.pop("理综",60)                      # 若存在“理综”这个“键”，则返回相应的“值”186.5
186.5
                                          # 同时删除这个“键:值”对
>>> d                                     # 删除“键:值”对'理综': 186.5 后的字典 d
{'数学': 109, '语文': 128, '外语': 96.5}
>>> d.popitem()                           # 随机删除一个“键:值”对
('外语', 96.5)
>>> d
{'数学': 109, '语文': 128}
>>> "数学" in d
True
>>>
>>> d2 = {"数学":77,"外语":96.5,"理综":186.5}   # 新建一个字典，注意“键:值”对"数学":77 有变化
>>> d.update(d2)                          # 更新字典，参数 d2 为将要更新的内容
>>> d                                     # 字典 d 更新后的结果
{'数学': 77, '语文': 128, '外语': 96.5, '理综': 186.5}
>>>
```

5.3.2 遍历字典

遍历字典是通过使用 d.items()方法和 for 循环来实现的，其语法格式如下：

```
for key in d:
    循环体
```

或

```
for key,value in d.items():
    循环体
```

相关示例如下：

```
>>> d = {"数学":109,"语文":128,"英语":96.5,"理综":186.5}
>>> for key in d:                    # 利用 for 循环遍历字典中的“键”
        print(key,d[key])
                                     # 注意，在 shell 界面中，空一行代表循环结束
                                     # 按 Enter 键，运行循环语句
数学 109
语文 128
英语 96.5
理综 186.5
>>>
>>> for key,value in d.items():
        print(key,value)


数学 109
```

```
语文 128
英语 96.5
理综 186.5
>>>
```

例 5-3　编写程序，输入学生的姓名，输出学生的考试成绩信息。学生的考试成绩信息以字典的形式给出：

```
scores = {"张三":[109,128,96.5,186.5],
          "李四":[95,101,136,127],
          "王五":[109,140,122,118],
          "赵六":[111,98,104,124] }
```

代码示例如下：

```
'''
例 5-3 参考代码
'''
scores ={"张三":[109,128,96.5,186.5],
          "李四":[95,101,136,127],
          "王五":[109,140,122,118],
          "赵六":[111,98,104,124] }

name = input("请输入姓名：")

if name in scores:
    sum_s = sum(scores[name])                # 求相应的总成绩
    print('''{}你好！
你的考试成绩是：
数学{}分，语文{}分，外语{}分，理综{}分，总成绩{}分。
'''.format(name,scores[name][0],scores[name][1],scores[name][2],scores[name][3],sum_s))
else:
print("对不起，没有你要查找的学生。")
```

程序的运行结果如图 5-12 所示。

```
============
请输入姓名：张三
张三你好！
你的考试成绩是：
数学109分，语文128分，外语96.5分，理综186.5分，总成绩520.0分。

============
请输入姓名：钱七
对不起，没有你要查找的学生。
>>>
```

图 5-12　例 5-3 的运行结果

5.4 集合

5.4.1 集合及其操作方法

第2章介绍过，Python中的“集合”与数学中的“集合”概念是一样的，它们都用来保存不重复的元素。换言之，集合中的元素都是唯一的，互不相同。

可以使用一对花括号或Python内置函数set()来创建集合。需要注意的是，创建空集合时，必须使用set()函数而不能使用{}，因为使用{}创建的是空字典。

集合只能存储不可变数据类型，包括整型、浮点型、字符串和元组等，而不能存储列表、字典、集合等可变数据类型。

创建集合的语法格式为：

```
集合名 ={元素1,元素2,元素3,…,元素n}
```

集合是可变数据类型，集合中常用的操作方法及功能描述如表5-3所示。

表5-3 集合中常用的操作方法及功能描述

操作方法	功能描述
st.add(x)	如果元素x不在集合st中，就将x添加到st中
st.update(s)	把s的值追加到集合st中。s可以是集合名，也可以是集合值
st.clear()	删除集合st中的所有元素，使其变为空集合
st.remove(x)	如果x在集合st中，移除x；否则，报出异常
st.discard(x)	如果x在集合st中，移除x；否则，不报出异常
st.pop()	从集合中随机删除一个元素，并将删除的元素作为返回值
st.copy()	复制集合st，并返回集合st的一个副本
st.isdisjoint(s)	判断集合st和s是否存在相同的元素，如果没有相同的元素，返回True，否则返回False
del st	删除整个st集合
len(st)	返回集合st中元素的个数
max(st)	返回集合st(元素必须是相同类型)中的最大值元素
min(st)	返回集合st(元素必须是相同类型)中的最小值元素
sum(st)	返回集合st(元素必须都是数值)中所有元素的和

相关示例如下：

```
>>> st = {2,3.14,"red",(1,2,3)}                # 创建集合，其中的元素都是不可变数据类型
>>> st
```

```
{(1, 2, 3), 2, 3.14, 'red'}                      # 集合的显示从某种意义上说是随机的
>>> st.add("python")                             # 向集合 st 中添加元素"python"
>>> st
{2, 3.14, (1, 2, 3), 'red', 'python'}            # 添加元素后的集合 st
>>> st.update({-8,99})                           # 向集合 st 中添加集合{-8,99}
>>> st
{2, 3.14, 99, (1, 2, 3), 'red', -8, 'python'}    # 添加集合{－8，99}后的集合 st
>>> st.remove("python")                          # 从集合 st 中移除元素"python"
>>> st
{2, 3.14, 99, (1, 2, 3), 'red', -8}              # 移除元素"python"后的集合 st
>>> st.pop()                                     # 从集合 st 中随机删除一个元素
2                                                # 返回删除的元素
>>> st
{3.14, 99, (1, 2, 3), 'red', -8}                 # 随机删除一个元素后的集合 st
>>> len(st)                                      # 返回集合 st 所含元素的个数
5
>>>
```

5.4.2　遍历集合

集合不是序列类型，既不能像字符串、列表和元组那样通过下标或切片操作来访问集合中的元素，也不能像字典那样通过“键”访问元素。最常用的遍历集合的方式是使用 for 循环，其语法格式如下：

```
for value in setname:
    循环体
```

相关示例如下：

```
>>> st
{3.14, 99, (1, 2, 3), 'red', -8}
>>> for value in st:                  # 遍历集合中的元素
    print(value,end='|')              # 输出每个元素，以符号 | 隔开
                                      # 在 shell 界面中，空一行代表循环结束

3.14|99|(1, 2, 3)|red|-8|             # 输出结果
>>>
```

5.4.3　集合中的运算

Python 中的集合支持以下运算：求两个集合的交集、并集、差集、对称差，判断一个集合是否是另外一个集合的子集，判断两个集合是否相等，以及判断元素是否在集合中，等等。集合中常用的运算及功能描述如表 5-4 所示。

表 5-4　集合中常用的运算及功能描述

操作方法	功能描述
st1 & st2 或 st1.intersaction(st2)	返回集合 st1 和 st2 的交集，即同时在集合 st1 和 st2 中的元素组成的集合
st1 | st2 或 st1.union(st2)	返回集合 st1 和 st2 的并集，即集合 st1 和 st2 中的所有元素组成的集合
st1 - st2 或 st1.difference(st2)	返回集合 st1 和 st2 的差集，即在集合 st1 中但不在集合 st2 中的元素组成的集合
st1 ^ st2 或 st1.symmetric_difference(st2)	返回集合 st1 和 st2 的对称差，即集合 st1 和 st2 中的不重复元素组成的集合.
st1 <= st2 或 st1.issubset(st2)	如果集合 st1 是集合 st2 的子集，返回 True，否则返回 False
st1 < st2	如果集合 st1 是集合 st2 的真子集，返回 True，否则返回 False
st1 == st2	如果集合 st1 和 st2 包含相同的元素，返回 True，否则返回 False
x in st	如果元素 x 在集合 st 中，返回 True，否则返回 False

相关示例如下：

```
>>> st1 = {1,2,3}
>>> st2 = {1,2,5,7,8}
>>> st1 & st2                     # 交集
{1, 2}
>>> st1 | st2                     # 并集
{1, 2, 3, 5, 7, 8}
>>> st1 - st2                     # 差集
{3}
>>> st1 ^ st2                     # 对称差
{3, 5, 7, 8}
>>> st1 <= st2                    # 子集判断
False
>>> 4 in st1                      # 判断元素是否在集合中
False
>>>
```

5.5 应用问题选讲

例 5-4　学校要举行校园歌手大赛，请为大赛组委会编写一个程序，计算并输出每位歌手的平均分。要求输入每位评委的评分，按比赛规则，去掉一个最高分，再去掉一个最低分，计算歌手的最终平均分。

代码示例如下：

```
'''
例 5-4 参考代码
```

```
'''
print("评分系统已启动，输入'q'退出！")
print("=========================")
N = 7                    # 评委人数
while True:
    singer = input("\n 请输入歌手号码：")
    if singer == 'q':
        print("你已退出评分系统！")
        break
    else:
        s = []           # 评委评分列表
        for i in range(1,N+1):
            score = eval(input("{}号评委的评分为：".format(i)))
            s.append(score)

        print("去掉一个最高分：{}。去掉一个最低分：{}。".format(max(s),min(s)))
        print("{}号歌手的最终得分为：{:.3f}".format(singer,(sum(s)-max(s)-min(s))/(len(s)-2)))
```

程序的运行结果如图 5-13 所示。

```
============
评分系统已启动，输入'q'退出！
=============================

请输入歌手号码：1001
1号评委的评分为：92
2号评委的评分为：88
3号评委的评分为：87
4号评委的评分为：97
5号评委的评分为：83
6号评委的评分为：81
7号评委的评分为：95
去掉一个最高分：97。去掉一个最低分：81。
1001号歌手 的最终得分为：89.000

请输入歌手号码：q
你已退出评分系统！
>>>
```

图 5-13 例 5-4 的运行结果

问题的进一步分析：

- 如果需要先去掉 2 个最高分和 2 个最低分，再求平均分，该怎么做？更进一步，如果想要像学校的学评教系统那样，先去掉 10%的最高分和 10%的最低分，再求平均分，又该怎么做？
- 该程序虽然能按要求实现歌手的评分，但还不能将评委为每一位歌手打的分数以及歌手的得分情况保存下来，这是一个很大的缺陷，该如何弥补呢？

例 5-5 编写程序，实现人与计算机玩“石头、剪刀、布”游戏。

问题分析：

- “石头、剪刀、布”是我们每个人都很熟悉的游戏。两个人在同一时间做出特定的手势，手势必须是石头、剪刀、布中的一种。输赢规则是：布包石头，石头砸剪子，剪刀剪破布，手势相同的话就重新开始。
- 在程序设计中，我们将使用列表存储“石头”“剪刀”“布”和输赢规则。
- 导入 Python 内置的 random 模块，利用 random 模块中的 choice()函数帮助计算机从保存了“石头”“剪刀”“布”的列表中随机选择一种手势。
- 玩家通过键盘输入自己的手势，为方便输入，约定字符 1 代表“石头”、字符 2 代表“剪刀”、字符 3 代表“布”，在程序中以字典的方式保存。

代码示例如下：

```
'''
例 5-5 参考代码
'''
import random

print("石头、剪刀、布游戏开始，输入'q'退出！")
print("==============================")

guess = ["石头","剪刀","布"]
win_rule = [["石头","剪刀"],["剪刀","布"],["布","石头"]]        # 输赢规则
gamer = {'1':"石头",'2':"剪刀",'3':"布"}                        # 针对玩家的输入约定

while True:
    computer = random.choice(guess)                             # 计算机随机选择一种手势
    gamer_key = input("\n1 代表石头，2 代表剪刀，3 代表布，请输入：")
    if gamer_key == 'q':
        print("你已退出游戏！")
        break
    elif computer == gamer[gamer_key]:
        print("平手，请继续！")
        continue
    elif [computer,gamer[gamer_key]] in win_rule:
        print("计算机获胜，加油啊！")
    else:
        print("恭喜，你获胜！")
```

程序的运行结果如图 5-14 所示。

```
============
石头、剪刀、布游戏开始，输入'q'退出！
========================================

1代表石头，2代表剪刀，3代表布，请输入：1
恭喜，你获胜！

1代表石头，2代表剪刀，3代表布，请输入：2
恭喜，你获胜！

1代表石头，2代表剪刀，3代表布，请输入：3
平手，请继续！

1代表石头，2代表剪刀，3代表布，请输入：1
平手，请继续！

1代表石头，2代表剪刀，3代表布，请输入：1
恭喜，你获胜！

1代表石头，2代表剪刀，3代表布，请输入：q
你已退出游戏！
>>>
```

图 5-14　例 5-5 的运行结果

例 5-6　编写程序，统计一段英文中各单词出现的次数。假如给定的一段英文为"Everybody in this country should learn how to program a computer, because it teaches you how to think."。

问题分析：

- 在英文中，单词的分隔符可以是空格、标点符号或特殊字符，这些标点符号和特殊字符通常是!"#$%&\'()*+, - ./:;<=>?@[\\]^_`{|}~。为了将单词分离出来，可首先利用字符串的 replace()方法，将标点符号和特殊字符替换成空格；然后利用 split()方法，将字符串转换成单词列表，供词频统计使用。
- 创建字典，将单词作为字典的"键"，并将单词出现的次数作为对应的"值"。
- 逐个读取列表中的单词，如果单词在字典中，则对应的"值"加 1；如果单词不在字典中，则添加新的"键:值"对，"键"为单词，"值"为 1。
- 最后，将字典转换为列表，按要求排序输出。

代码示例如下：

```
'''
例 5-6 参考代码
'''
sentence = '''
Everybody in this country should learn how to program a computer,
because it teaches you how to think.
'''
punctuation = set('!"#$%&\'()*+,-./:;<=>?@[\\]^_`{|}~')    # 英文中常用的标点符号

for ch in punctuation:                                    # 将文中的标点符号用空格替换
    sentence = sentence.replace(ch," ")

words = sentence.split()                                  # 将 sentence 转换为单词列表
```

```
word_dict = {}                # 创建字典，将单词作为字典的“键”，并将单词出现的次数作为对应的“值”
for word in words:
    if word in word_dict:                    # 如果单词在字典中，则对应的“值”加 1
        word_dict[word] += 1
    else:                                    # 否则，在字典中添加新的“键:值”对
        word_dict[word] = 1

items = list(word_dict.items())              # 将字典中的“键:值”对转换为列表
items.sort(key=lambda x: x[1],reverse=True)  # 按单词出现的次数做降序排列

for word,count in items:
    print("{:20}{}".format(word,count))
```

程序的运行结果如图 5-15 所示。

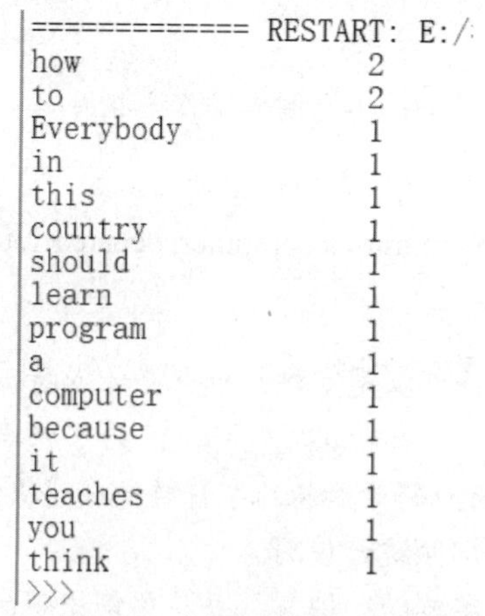

图 5-15　例 5-6 的运行结果

问题的进一步分析：

- 程序中创建字典的如下 if-else 语句：

```
for word in words:
    if word in word_dist:                # 如果单词在字典中，对应的“值”加 1
        word_dist[word] += 1
    else:                                # 否则，在字典中添加新的“键:值”对
        word_dist[word] = 1
```

常常会被字典中的 get()方法替换成

```
# 如果单词在字典中，word_dist.get(word,0)返回对应的“值”，否则返回 0
for word in words:
    word_dist(word) = word_dist.get(word, 0) + 1
```

- 词频统计是文本分析常用的方法，这里只是通过一小段英文演示了词频统计的方法，那么对于一篇英语文章或一本英文书籍，该怎么做呢？
- 在英文中，单词是以空格、标点符号和特殊字符进行分隔的；但对于中文来说，单个汉字的意义往往不大，因此更应该关注词频分析，我们又该如何做呢？

例 5-7　社会主义核心价值观的基本内容是富强、民主、文明、和谐、自由、平等、公正、法治、爱国、敬业、诚信、友善，涉及国家层面的价值目标、社会层面的价值取向和公民个人层面的价值准则共 12 项内容。

编写一个简单的知识问答程序，每次只回答一项内容，判断回答的内容是否正确，统计回答问题的次数，每次都要输出目前已经回答的内容，等到程序结束时，输出已经回答的内容和回答问题的次数。

问题分析：

- 类似这样的知识问答程序，一定要设计成死循环的形式才方便使用。当然，我们还需要设计循环的退出机制。
- 题目要求每次都要输出目前已经回答的内容，这也是比较客观的要求，因为有时候大家可能会忘记已经回答了哪些问题。因为集合数据的唯一性，在这里我们采用集合来存储已回答的问题。

代码示例如下：

```
'''
例 5-7 参考代码
'''
s = "富强、民主、文明、和谐、自由、平等、公正、法治、爱国、敬业、诚信、友善"
c_value = s.split(sep='、')          # 以顿号为分隔符，将字符串转换为词列表
c_value = set(c_value)               # 进一步将词列表转换为集合以方便操作
answer = set()                       # 创建集合，目前是空集，用来保存已回答的问题
count = 0                            # 统计回答问题的次数，初始值为 0

print("知识问答程序已启动，输入'q'退出程序！")
print("===============================")
while True:
    ans = input("\n 请输入社会主义核心价值观的一项内容：")

    if ans == 'q':
        print("你已退出知识问答程序，本次答题情况如下：")
        break

    if ans in c_value:                # 如果回答对了
        print("你答对了！请继续。")
        answer.add(ans)               # 将答对的内容添加到 answer 集合中
        print("你已经回答了以下内容：",answer)
        count += 1                    # 将回答问题的次数加 1
    else:
        print("对不起，回答错误。请继续。")
        count +=1                     # 将回答问题的次数加 1
        continue                      # 继续回答问题

    if answer == c_value:             # 如果全部回答正确，退出知识问答程序
        print("恭喜你，全部回答正确。太棒了！")
        break
```

```
print("你一共回答了{}次".format(count))
print("答对了以下内容：",answer)
```

程序的运行结果如图 5-16 所示。

```
知识问答程序已启动，输入'q'退出程序！
====================================

请输入社会主义核心价值观的一项内容：富强
你答对了！请继续。
你已经回答了以下内容： {'富强'}
请输入社会主义核心价值观的一项内容：民族
对不起，回答错误。请继续。
请输入社会主义核心价值观的一项内容：民主
你答对了！请继续。
你已经回答了以下内容： {'民主', '富强'}
请输入社会主义核心价值观的一项内容：爱国
你答对了！请继续。
你已经回答了以下内容： {'民主', '爱国', '富强'}
请输入社会主义核心价值观的一项内容：q
你已退出知识问答程序，本次答题情况如下：
你一共回答了4次
答对了以下内容： {'民主', '爱国', '富强'}
>>>
```

图 5-16　例 5-7 的运行结果

5.6　习　　题

一、选择题

1．下面代码的输出结果是(　　)。

```
File  Edit  Format  Run  Options  Window  Help
list1 = []
for i in range(1, 11):
    list1.append(i**2)
print(list1)
```

A. 出错　　B. [1, 4, 9, 16, 25, 36, 49, 64, 81, 100]

C. ----Python:----A Superlanguage　　D. [2, 4, 6, 8, 10, 12, 14, 16, 18, 20]

2．下面代码的输出结果是(　　)。

```
File  Edit  Format  Run  Options  Window  Help
list1 = [1, 2, 3]
list2 = [4, 5, 6]
print(list1 + list2)
```

A. [5,7,9]　　B. [1, 2, 3, 4, 5, 6]

C. [4,5,6]　　D. [1,2,3]

3. 下面代码的输出结果是(　　)。

```
File  Edit  Format  Run  Options  Window  Help
a = [1, 2, 3]
for i in a[::-1]:
    print(i, end=",")
```

A. 3,1,2　　B. 1,2,3
C. 2,1,3,　　D. 3,2,1,

4. 下面代码的输出结果是(　　)。

```
File  Edit  Format  Run  Options  Window  Help
a = [9, 6, 4, 5]
N = len(a)
for i in range(int(len(a)/2)):
    a[i], a[N-i-1] = a[N-i-1], a[i]
print(a)
```

A. [5,6,9,4]　　B. [9,6,5,4]
C. [9,4,6,5]　　D. [5,4,6,9]

5. 下面代码的输出结果是(　　)。

```
File  Edit  Format  Run  Options  Window  Help
a = [1, 2, 3]
b = a[:]
print(b)
```

A. [3,2,1]　　B. []
C. [1,2,3]　　D. 0xF0A9

6. 下面代码的输出结果是(　　)。

```
File  Edit  Format  Run  Options  Window  Help
ls=["2020", "1903", "Python"]
ls.append(2050)
ls.append([2020, "2020"])
print(ls)
```

A. ['2020','1903','Python',2020,[2050,'2020']]
B. ['2020','1903','Python',2020]
C. ['2020','1903','Python',2050,[2020,'2020']]
D. ['2020','1903','Python',2050,['2020']]

7. 下面代码的输出结果是(　　)。

```
File  Edit  Format  Run  Options  Window  Help
a = [[1, 2, 3], [4, 5, 6], [7, 8, 9]]
s = 0
for c in a:
    for j in range(3):
        s+=c[j]
print(s)
```

A. 45　　B. 24
C. 0　　D. [1,2,3,4,5,6,7,8,9]

8．下面代码的输出结果是(　　)。

```
a = [1,2,3]
b = a
a[1] = 10
print(b)
```

A. [1,10]　　B. [1,2,3]

C. [1,10,3]　　D. 报错

9．关于 Python 中的元组类型，以下选项中描述错误的是(　　)。

A. Python 中的元组采用逗号和圆括号(可选)来表示。

B. 一个元组可以作为另一个元组的元素，可以采用多级索引获取信息。

C. 元组中的元素不可以是不同的类型。

D. 元组一旦创建就不能修改。

10．若有定义语句 d={'abc':123, 'def':456, 'ghi':789}，则 len(d)的计算结果是(　　)。

A. 12　　B. 3

C. 6　　D. 9

11．给定字典 d，以下关于 d.keys()的描述中正确的是(　　)。

A. 返回一个集合，其中包括字典 d 中的所有键。

B. 返回一个元组，其中包括字典 d 中的所有键。

C. 返回一个 dict_keys 对象，其中包括字典 d 中的所有键。

D. 返回一个列表，其中包括字典 d 中的所有键。

12．给定字典 d，以下关于 d.get(x, y)的描述中正确的是(　　)。

A. 返回字典 d 中键值对为 x:y 的值。

B. 返回字典 d 中键为 x 的值，如果不存在，则返回 y。

C. 返回字典 d 中键为 y 的值，如果不存在，则返回 x。

D. 返回字典 d 中键为 y 的值，如果不存在，则返回 y。

13．给定字典 d，以下关于 d.items()的描述中正确的是(　　)。

A. 返回一个集合，其中的每个元素是一个二元元组，包括字典 d 中的所有键值对。

B. 返回一个列表，其中的每个元素是一个二元元组，包括字典 d 中的所有键值对。

C. 返回一个元组，其中的每个元素是一个二元元组，包括字典 d 中的所有键值对。

D. 返回一个 dict_items 对象，其中包括字典 d 中的所有键值对。

14．*S* 和 *T* 是两个集合，以下关于 *S* & *T* 的描述中正确的是(　　)。

A. *S* 和 *T* 的交运算，包括同时在集合 *S* 和 *T* 中的元素。

B. *S* 和 *T* 的补运算，包括集合 *S* 和 *T* 中的非相同元素。

C. *S* 和 *T* 的并运算，包括集合 *S* 和 *T* 中的所有元素。

D. *S* 和 *T* 的差运算，包括在集合 *S* 中但不在集合 *T* 中的元素。

15．下面代码的输出结果是(　　)。

```
>>> s = {}
>>> type(s)
```

A. <class 'dict'>　　B. <class 'set'>

C. <class 'list'>　　D. <class 'tuple'>

二、编程题

1．假设某班级的学生名单以元组的形式给出：names = ("张三","李四","王五","赵六")。请编写一个随机点名程序。

2．英文字符频率统计。编写程序，对于给定的一段英文，忽略大小写，统计字符 a~z 出现的次数，采用降序方式输出。

假设给定的一段英文为“Everybody in this country should learn how to program a computer, because it teaches you how to think.”

3．输入一行字符，分别统计其中英文字母、空格、数字和其他字符的个数。

4．第 3 章的例 3-19 演示了如何判断手机号码是否有效。请参照例 3-19 中的判断规则，随机生成 10 个有效的手机号码。

5．编写程序，对于给定的一段英文，统计里面出现的长度最长的 5 个单词，采用降序方式输出。

6．编写一个知识问答程序，每次随机选择下述(1)~(4)中的问题之一进行回答；进入答题状态后，每次只回答相关问题的一项内容，判断回答是否正确，统计回答问题的次数，每次都要输出已经回答的内容；等到程序结束时，输出已经回答的内容和回答问题的次数。

(1) 社会主义核心价值观的基本内容：富强、民主、文明、和谐、自由、平等、公正、法治、爱国、敬业、诚信、友善。

(2) 国家层面的价值目标：富强、民主、文明、和谐。

(3) 社会层面的价值取向：自由、平等、公正、法治。

(4) 公民个人层面的价值准则：爱国、敬业、诚信、友善。

第6章 文件和数据格式化

之前我们通过程序建立起来的列表、字典等数据，比如输入的学生考试成绩、评委评分以及计算出来的歌手平均分，还有统计出来的单词个数等数据，在程序结束后就会丢失。有时我们需要把这些数据永久存储起来，当程序结束时，可以把这些数据存储到磁盘文件中，随时使用、随时读取。Python 提供了内置的文件对象，可以很方便地将数据存储到文件中，同时也可以很方便地将文件中的数据读入程序中。

6.1 文件概述

文件是存储在外部介质上的数据的集合，是操作系统管理数据的一种单位。使用文件的目的是：实现程序与数据的分离，数据文件的改动不会引起程序的改动；实现数据共享，不同程序可以访问同一数据文件中的数据；实现长期保存程序运行的中间数据或结果数据。

文件一般都存储在磁盘上，计算机中的文档、图片、音频、视频等都是以文件的方式存储的。每个文件都有名称，可以根据文件的名称来选择打开文件或存储到某一文件中。

程序与存储在磁盘中的文件的交流方式如图 6-1 所示。

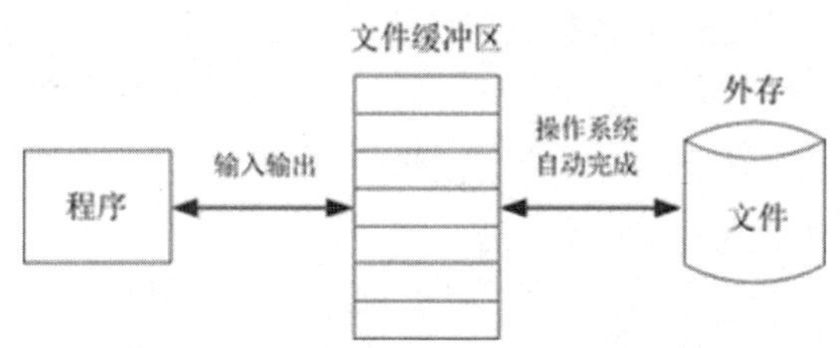

图 6-1　程序与外存文件的交流示意图

文件缓冲区是内存中若干数量的存储单元，可作为文件与使用文件数据的程序之间的桥梁。因为输入输出设备的速度远低于 CPU 处理数据的速度，所以在程序中直接访问文件的效率很低，文件缓冲区的使用很好地解决了这一矛盾。

当把程序中的数据写入文件时，操作系统会先把数据存放在文件缓冲区中，当缓冲区满时，操作系统再自动将当时缓冲区中的所有数据真正写入文件；当从文件中读入数据时，操作系统则自动将文件中的数据存放到内存的文件缓冲区中，程序实际上是从文件缓冲区中读入数据的。

6.2 文件的基本操作

在 Python 中，负责文件操作的是文件对象。文件对象可通过 Python 内置的 open()函数得到。获取文件对象后，就可以使用文件对象提供的方法读/写文件了。

6.2.1 文件的打开与关闭

1. 打开文件

可利用 Python 提供的 open()函数打开文件。open()函数在成功打开文件后会返回一个文件对象，打开失败时则会抛出 IOError 异常。open()函数的语法格式如下：

```
file = open(fileName, mode='r', buffering=-1, encoding=None,
            errors=None, newline=None, closefd=True, opener=None )
```

open()函数有 8 个参数，分别是 fileName、mode、buffering、encoding、errors、newline、closefd 和 opener。除了 fileNameii 之外，其他都有默认值。因此，当使用 open()函数时，通常不需要传入全部的 8 个参数。下面针对常用的前 4 个参数进行说明。

- file：创建的文件对象。
- fileName：要创建或打开文件的名称，fileName 的数据类型为字符串，需要用单引号或双引号括起来。fileName 还包含了文件所在的存储路径，存储路径可以是相对路径，也可以是绝对路径。
- mode：指定文件的打开模式。文件的打开模式有十余种，详见表 6-1。默认的打开模式是只读('r')，常用的打开模式有'r'、'r+'和'w+'。
  - 使用'r'模式打开的文件只能读，不能改写。
  - 使用'r+'模式打开的文件既能读取，也能写入。
  - 'w+'模式与'r+'模式基本相同，所不同的是，使用'w+'模式可以创建新的文件。如果打开的文件已存在，原有内容会被删除，因此必须谨慎使用'w+'模式打开文件，以防止已有文件的内容被清空。
- buffering：指定打开文件时使用的缓冲方式，通常取默认值 - 1，表示使用系统默认的缓冲机制。
- encoding：指定文件的编码方式，默认采用 utf-8。

表 6-1 文件的读/写模式

读/写模式	功能描述
r	默认模式。以只读方式打开文件。文件指针将会放在文件的开头
rb	以二进制格式打开文件，用于只读。文件指针将会放在文件的开头。一般用于非文本文件，如图片文件、声音文件等
r+	打开的文件将用于读/写。文件指针将会放在文件的开头

(续表)

读/写模式	功能描述
rb+	以二进制格式打开文件，用于读/写。文件指针将会放在文件的开头。一般用于非文本文件，如图片文件、声音文件等
w	打开的文件只用于写入。如果文件已存在，则打开文件，并从开头开始编辑，原有内容会被删除；如果文件不存在，则创建新文件
wb	以二进制格式打开文件，只用于写入。如果文件已存在，则打开文件，并从开头开始编辑，原有内容会被删除；如果文件不存在，则创建新文件。一般用于非文本文件，如图片文件、声音文件等
w+	打开的文件将用于读/写。如果文件已存在，则打开文件，并从开头开始编辑，原有内容会被删除；如果文件不存在，则创建新文件
wb+	以二进制格式打开文件，用于读/写。如果文件已存在，则打开文件，并从开头开始编辑，原有内容会被删除；如果文件不存在，则创建新文件。一般用于非文本文件，如图片文件、声音文件等
a	打开的文件将用于追加内容。如果文件已存在，文件指针将会放在文件的末尾，新的内容将被写到已有内容之后；如果文件不存在，则创建新文件并进行写入
ab	以二进制格式打开文件，用于追加内容。如果文件已存在，文件指针将会放在文件的末尾，新的内容将被写到已有内容之后；如果文件不存在，则创建新文件并进行写入
a+	打开的文件将用于读/写。如果文件已存在，文件指针将会放在文件的末尾，文件打开时处于追加模式；如果文件不存在，则创建新文件用于读/写
ab+	以二进制格式打开文件，用于追加内容。如果文件已存在，文件指针将会放在文件的末尾；如果文件不存在，则创建新文件用于读/写

2. 关闭文件

可利用 Python 提供的 close()方法关闭文件。文件打开后，应该及时关闭，以免对文件造成不必要的破坏。close()方法的语法格式如下：

```
file.close()
```

其中，file 为打开的文件对象。

关闭文件后，操作系统将刷新缓冲区里任何还没有写入的信息，并将文件对象与外存上的文件脱离关系，同时释放打开文件时占用的资源。

3. 使用 with…as…语句打开文件

我们在使用 open()函数打开文件并操作完文件后常常忘记使用 close()方法关闭文件，这可能会带来意想不到的问题。另外，如果在使用 open()函数打开文件时抛出了异常，也将导致文件不能被及时关闭。为了避免这类问题的发生，提倡使用 Python 提供的 with…as…语句打开和操作文件，这样无论是否抛出异常，都能保证在 with 语句执行完毕后关闭已经打开的文件。with…as…语句的语法格式如下：

```
with open(fileName, mode) as file:
    with-body
```

其中：file 为打开的文件对象；with-body 为语句体，里面是与打开文件相关的一些操作。

6.2.2 文件的读/写

1. 写入文件

利用 Python 提供的 write()方法，可向文件中写入数据。write()方法的语法格式如下：

```
file.write(string)
```

其中，file 为打开的文件对象，string 为想要写入的字符串。

例 6-1 创建和打开文件以及向文件中写入数据，这里以向文件中写入字符串和程序生成的斐波那契数列的前 12 项为例。

代码示例如下：

```
'''
例 6-1 参考代码
'''
file = open('demo1.txt','w')          # 创建或打开文件
file.write("我正在练习使用 open()函数打开或创建一个文件。\n")
# 生成斐波那契数列的前 12 项并存入列表 fib 中
a,b = 1,1
fib = []
for i in range(12):
    fib.append(a)
    a,b = b,a+b
# 向文件中写入数据，注意数据需要转换成字符串
file.write("向文件中写入程序生成的数据，斐波那契数列：\n" + str(fib))
file.close()                                          # 关闭文件
print("刚刚尝试了文件的打开与写入操作。")          # 反馈信息
```

程序的运行结果如图 6-2 所示。

```
======================= RESTART: E:/
==
刚刚尝试了文件的打开与写入操作。
>>>
```

```
demo1.txt - 记事本
文件(F) 编辑(E) 格式(O) 查看(V) 帮助(H)
我正在练习使用open()函数打开或创建一个文件。
向文件中写入程序生成的数据，斐波那契数列：
[1, 1, 2, 3, 5, 8, 13, 21, 34, 55, 89, 144]
```

图 6-2 例 6-1 的运行结果

补充说明：

- 注意 file = open('demo1.txt','w')语句。通过调用 write()方法向文件写入数据的前提是：打开文件时，指定的打开模式应为'w'(只写)或'a'(追加)，否则将会抛出异常；另外，如果当前文件夹下存在 demo1.txt 文件，就从文件开头写入数据；否则，在当前文件夹下建立 demo1.txt 文件并写入数据。

- 利用 write()方法向文件写入的数据必须是字符串，否则会抛出异常。另外，系统不会自动在字符串的末尾添加换行符'\n'。本题采用的做法是将列表 fib 转换为字符串 str(fib)。
- 一定要利用 close()方法关闭文件，否则数据将无法写入文件中。

例 6-2　利用 with…as…语句打开和操作文件。

代码示例如下：

```
'''
例 6-2 参考代码
'''
with open('demo1.txt','a') as file:        # 打开文件，向文件中追加内容
    file.write("我正尝试利用 with 语句打开已有文件并追加数据。\n")
    stu_dict = {"2019101":"张三","2019102":"李四","2019103":'王五'}
    # 向文件中写入数据 stu_dict，注意数据需要转换成字符串
    file.write("向文件中写入字典类型的数据：\n" + str(stu_dict))

print("刚刚尝试了利用 with 语句进行文件的打开与追加写入操作。")
```

程序的运行结果如图 6-3 所示。

```
demo1.txt - 记事本
文件(F)  编辑(E)  格式(O)  查看(V)  帮助(H)
我正在练习使用open()函数打开或创建一个文件。
向文件中写入程序生成的数据，斐波那契数列：
[1, 1, 2, 3, 5, 8, 13, 21, 34, 55, 89, 144]我正尝试利用with语句打开已有文件并追加数据。
向文件中写入字典类型的数据：
{'2019101': '张三', '2019102': '李四', '2019103': '王五'}
```

图 6-3　例 6-2 的运行结果

仔细观察图 6-2 和图 6-3，我们注意到，open('demo1.txt','a')是以追加模式('a')打开 demo1.txt 文件。此时，向文件中写入数据后，不是覆盖文件原有的内容，而是在文件的末尾增加新的内容。

2. 读取文件

利用 Python 提供的 read()方法，可读取文件中指定数量的字符。read()方法的语法格式如下：

```
file.read([size])
```

其中：file 为打开的文件对象；size 为可选参数，用于指定想要读取的字符数量，省略 size 参数表示一次性读取文件中的所有内容。

例 6-3　打开当前文件夹中的 demo1.txt 文件并读取其中的内容。

代码示例如下：

```
'''
例 6-3 参考代码
'''
with open('demo1.txt','r') as file:        # 以只读模式打开文件
    string = file.read()
    print("demo1.txt 文件的内容是：\n"+ string)
```

程序的运行结果如图 6-4 所示。

```
========================
demo1.txt文件的内容是：
我正在练习使用open()函数打开或创建一个文件。
向文件中写入程序生成的数据，斐波那契数列：
[1, 1, 2, 3, 5, 8, 13, 21, 34, 55, 89, 144]我正尝试利用with
语句打开已有文件并追加数据。
向文件中写入字典类型的数据：
{'2019101': '张三', '2019102': '李四', '2019103': '王五'}
>>>
```

图 6-4　例 6-3 的运行结果

3. 读/写文件的其他方法

除了读/写文件的 read()和 write()方法之外，Python 还提供了其他一些读/写文件的方法。

- writelines(sequence)方法：写入 sequence 字符串列表，但不会自动在字符串的末尾添加\n 换行符。
- readline()方法：每次只读取一整行数据，包括\n 换行符。当使用 read()方法读取文件时，如果文件很大，一次读取全部内容到内存中会造成内存不足，这时我们通常会采用 readline()方法，并结合循环语句来逐行读取文件。
- readlines()方法：读取全部内容，返回以每行为元素形成的字符串列表。

6.2.3　文件的定位读/写

前面介绍的文件读/写操作都是按顺序逐行进行的。在实际应用中，有时只需要读取某个位置的数据，或者只需要向某个位置写入数据(比如改错)，这时就需要定位文件的读/写位置，包括获取文件当前的位置以及定位到文件中指定的位置。

1. 获取文件当前的位置

文件当前的位置就是文件内部的文件指针位置。利用文件对象的 tell()方法，可以获取文件当前的位置，如图 6-5 所示。

```
>>> file = open('demo1.txt','r')
>>> file.tell()
0
>>> str1 = file.read(15)
>>> str1
'我正在练习使用open()函数'
>>> file.tell()
24
>>> str2 = file.read()
>>> str2
"打开或创建一个文件。\n向文件中写入程序生成的数据，斐波那
契数列：\n[1, 1, 2, 3, 5, 8, 13, 21, 34, 55, 89, 144]我正
尝试利用with语句打开已有文件并追加数据。\n向文件中写入字
典类型的数据：\n{'2019101': '张三', '2019102': '李四', '2
019103': '王五'}"
>>> file.tell()
266
>>>
```

图 6-5　利用文件对象的 tell()方法获取文件当前的位置

补充说明：

- 打开文件时，默认当前位置是文件开头，file.tell()的值是 0。
- 首先运行 str1 = file.read(15)语句，从文件开头读取 15 个字符，这里的每个汉字、英文字母、特殊字符等都按照一个字符进行计算，str1 = '我正在练习使用 open()函数'。
- 然后运行 file.tell()语句，得到文件当前的位置是 24：在这里，汉字是按两个字符、英文字母等是按一个字符进行计算的。
- 最后运行 str2 = file.read()语句，可以看到，系统将从当前位置读取文件。

2．改变文件当前的位置

文件在读/写过程中，文件指针的位置会自动移动。利用文件对象的 seek(offset [,from])方法，可以改变文件当前的位置。offset 表示想要移动的字节数，值为正数时，向文件末尾方向移动文件指针；值为负数时，向文件开头方向移动文件指针。from 用于指定开始移动字节时的参考位置，如果将 from 设为 0，意味着将文件的开头作为移动字节的参考位置，如果设为 1，则使用当前位置作为参考位置；如果设为 2，就将文件的末尾作为参考位置；如图 6-6 所示。

```
>>> file = open('demo1.txt','r+')
>>> file.seek(10)
10
>>> str3 = file.read(10)
>>> str3
'使用open()函数'
```

图 6-6　利用文件对象的 seek()方法改变文件当前的位置

6.3 采用 CSV 格式读/写文件

6.3.1　CSV 文件概述

CSV(Comma-Separated Values，逗号分隔值)格式是一种常用的文本格式，用于存储表格数据，包括数字或字符，这种文件格式已被广泛应用于商业和科学领域。

CSV 文件由任意数目的记录组成，通常每条记录是一行，以换行符分隔；每条记录由若干字段组成，字段间的分隔符是逗号，也可以是制表符或其他字符。通常，所有记录都有完全相同的字段序列。

CSV 文件是纯文本文件，以 CSV 格式存储的文件通常采用.csv 为扩展名，可通过 Office Excel 或记事本打开。

CSV 文件的规则为：以行为单位读取数据，一行数据不跨行，无空行，每行开头不留空格，数据列之间以半角逗号作为分隔符，无空格，列即便为空也要表达其存在性；可含或不含列名，若含列名，则必须是文件的第一行；内码格式不限，可为 ASCII、Unicode 或其他编码格式，但不支持数字和特殊字符。

6.3.2　读/写 CSV 文件

Python 内置了 CSV 模块，这让我们可以很方便地读/写 CSV 文件。

让我们首先了解一下数据的维度概念。数据的维度是指数据的组织形式。根据数据关系的不同，数据的组织可以分为一维数据、二维数据和高维数据。

一维数据采用线性方式组织数据，对应于数学中数组的概念。在 Python 中，可以用列表、集合描述一维数据。

二维数据也称表格数据，采用二维表格方式组织数据，对应于数学中矩阵的概念。

高维数据由“键:值”对类型的数据构成，采用对象方式组织数据，可以多层嵌套。

1．一维数据的读/写

一维数据是最简单的数据组织类型，在 Python 中主要采用列表的形式来表示。从 Python 表示到数据存储，需要将列表对象输出为 CSV 格式，以方便其他软件使用；还需要将 CSV 文件读入成列表对象，以便利用 Python 进行数据处理。

例 6-4 将列表对象输出为 CSV 格式。

代码示例如下：

```
'''
例 6-4 参考代码
'''
ls = ["数学","语文","英语","理综"]
f = open('demo2.csv','w')              # 以只写模式打开文件
f.write(",".join(ls)+ "\n")            # 用半角逗号分隔列表元素并将它们写入文件
f.close()                              # 关闭文件
```

程序运行后，将在当前文件夹下生成 demo2.csv 文件，如图 6-7 所示；双击 demo2.csv 文件，默认将在 Office Excel 中打开，结果如图 6-8 所示。

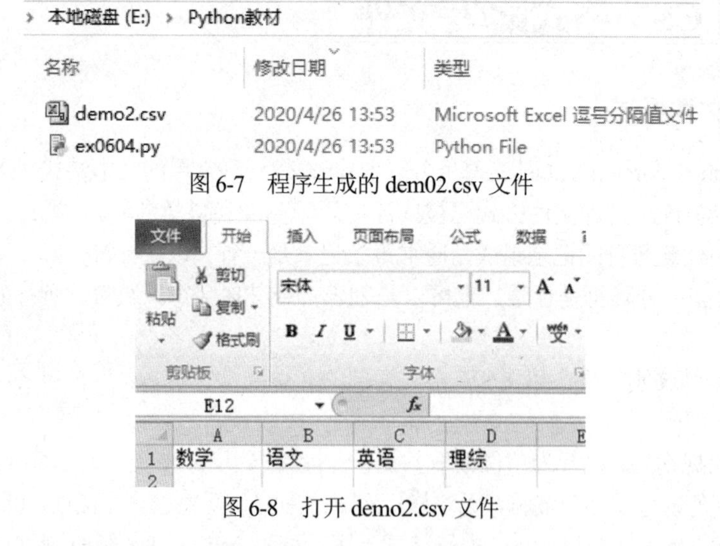

图 6-7 程序生成的 dem02.csv 文件

图 6-8 打开 demo2.csv 文件

例 6-5 将 CSV 文件读入成列表对象。

代码示例如下：

```
'''
例 6-5 参考代码
'''
f = open('demo2.csv', 'r')                # 以只读模式打开文件
```

```
ls = f.read().strip('\n').split(',')          # 采用 strip()方法去掉末尾的换行符
                                              # 使用 split()方法以逗号进行分隔
f.close()                                     # 关闭文件
print(ls)                                     # 输出列表
```

程序的运行结果如图 6-9 所示。

```
======================== RESTART: E:/Python教材/ex0605.py
['数学', '语文', '英语', '理综']
>>>
```

图 6-9　例 6-5 的运行结果

2．二维数据的读/写

二维数据可以采用二维列表来表示，二维列表可看作一维列表的列表，即二维列表的每个元素都是一维列表，对应二维数据的一行，其内部各个元素则对应行中各列的值。

二维数据一般采用相同的数据类型存储数据，以便于操作。为求统一，通常将数值统一表示为字符串的形式。

二维数据由一维数据组成。如果用 CSV 文件存储二维数据，那么 CSV 文件的每一行将是一维数据，整个 CSV 文件则是二维数据。

与一维数据一样，从 Python 表示到数据存储，需要将二维列表对象输出为 CSV 格式，以便其他软件使用；此外还需要将 CSV 文件读入成二维列表对象，以便利用 Python 进行数据处理。

例 6-6　将二维列表对象输出为 CSV 文件。

代码示例如下：

```
'''
例 6-6 参考代码
'''
ls = [["姓名","数学","语文","英语","理综"],
      ["张三","109","128","96.5","186.5"],
      ["李四","95","101","136","127"],
      ["王五","109","140","122","118"],
      ["赵六","111","98","104","124"]]

f = open('demo3.csv','w')                # 以只写模式打开文件
for row in ls:
    f.write(",".join(row)+"\n")          # 用半角逗号分隔列表元素并将它们写入文件
f.close()                                # 关闭文件
```

程序运行后，将在当前文件夹下生成 demo3.csv 文件，如图 6-10 所示；双击 demo3.csv 文件，默认将在 Office Excel 中打开，结果如图 6-11 所示。

› 本地磁盘 (E:) › Python教材

名称	修改日期	类型
demo3.csv	2020/4/26 15:18	Microsoft Excel 逗号分隔值文件
ex0606.py	2020/4/26 15:17	Python File

图 6-10　程序生成的 demo3.csv 文件

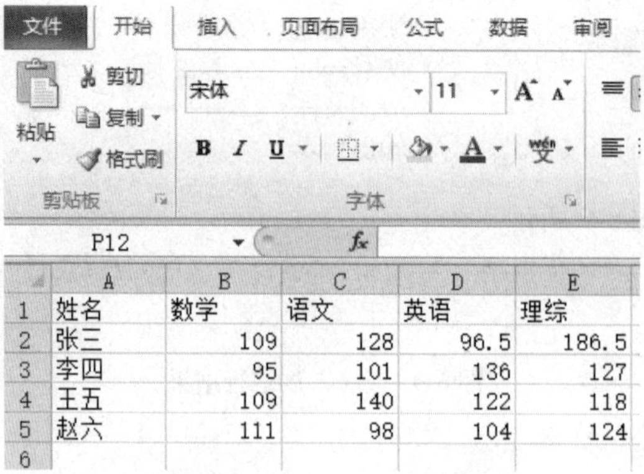

	A	B	C	D	E
1	姓名	数学	语文	英语	理综
2	张三	109	128	96.5	186.5
3	李四	95	101	136	127
4	王五	109	140	122	118
5	赵六	111	98	104	124
6					

图 6-11　打开 demo3.csv 文件

例 6-7　将 CSV 文件读入成二维列表对象。

代码示例如下：

```
'''
例 6-7 参考代码
'''
f = open('demo3.csv','r')                    # 以只读模式打开文件
ls = []
for line in f:
    ls.append(line.strip('\n').split(","))   # 将 demo3.csv 文件的每一行添加到列表中
f.close()                                    # 关闭文件
print(ls)                                    # 输出列表
```

程序的运行结果如图 6-12 所示。

```
======================= RESTART: E:/Python教材/ex0607.py
========================
[['姓名', '数学', '语文', '英语', '理综'], ['张三', '109'
, '128', '96.5', '186.5'], ['李四', '95', '101', '136', '
127'], ['王五', '109', '140', '122', '118'], ['赵六', '11
1', '98', '104', '124']]
>>>
```

图 6-12　例 6-7 的运行结果

我们也可以利用 Python 内置的 csv 模块写入和读取二维数据，写入数据用 writer()方法，读取数据用 reader()方法，在此不再赘述。

6.4　读/写 JSON 文件

JSON(JavaScript Object Notation)是一种轻量级的、跨语言的通用数据交换格式，采用完全独立于编程语言的文本格式来存储和表示数据。简洁和清晰的层次结构使得 JSON 成为理想的数据交换语言，既易于人们阅读和编写，也易于机器解析和生成，同时还能有效地提升网络传输效率。

在 Python 中，可以使用 json 模块来对 JSON 数据进行编码和解码，常用的方法有两个。

- json.dumps()：对数据进行编码，将 Python 对象编码成 JSON 字符串。

- json.loads()：对数据进行解码，将已编码的 JSON 字符串解码为 Python 对象。

在 JSON 的编解码过程中，Python 的原始类型与 JSON 类型会相互转换。

例 6-8　将 Python 数据编码为 JSON 格式的数据。

代码示例如下：

```
'''
例 6-8 参考代码
'''
import json

d = {"张三":[109,128,96.5,186.5],
     "李四":[95,101,136,127],
     "王五":[109,140,122,118],
     "赵六":[111,98,104,124]}
f = open('demo4.txt','w')                  # 以只写模式打开文件
f.write(json.dumps(d))                     # 将字典 d 编码为 JSON 格式的数据并写入文件 demo4.txt
f.close()                                  # 关闭文件
```

程序运行后，将在当前文件夹下生成 demo4.txt 文件，如图 6-13 所示。

名称	修改日期	类型
demo4.txt	2020/4/27 9:27	文本文档
ex0608.py	2020/4/27 9:27	Python File

› 本地磁盘 (E:) › Python教材

图 6-13　程序生成的 demo4.txt 文件

例 6-9　将 JSON 格式的数据解码为 Python 对象。

代码示例如下：

```
'''
例 6-9 参考代码
'''
import json

f = open('demo4.txt','r')                  # 以只读模式打开文件
new_d = json.loads(f.read())               # 读取文件 demo4.txt 中的内容并解码为 Python 数据类型
print(new_d)
print("new_d 的类型是",type(new_d))
f.close()                                  # 关闭文件
```

程序的运行结果如图 6-14 所示。

```
======================= RESTART: E:/Python教材/ex0609.py ===
=====================
{'张三': [109, 128, 96.5, 186.5], '李四': [95, 101, 136, 127]
, '王五': [109, 140, 122, 118], '赵六': [111, 98, 104, 124]}
new_d的类型是 <class 'dict'>
>>>
```

图 6-14　例 6-9 的运行结果

6.5 应用问题选讲

例 6-10 在第 5 章的例 5-4 中，我们为校园歌手大赛编写了评分程序，目的是计算并输出每位歌手的平均分。要求输入每位评委的评分，按比赛规则，去掉一个最高分，再去掉一个最低分，计算歌手的最终平均分。例 5-4 中的程序存在缺陷：无法将评委为每一位歌手打的分数以及歌手的得分情况保存下来。现在我们进一步完善程序，以文本文件的形式将评委的评分数据和歌手的成绩保存起来。

代码示例如下：

```
'''
例 6-10 参考代码
'''
print("评分系统已启动，输入'q'退出！")
print("==============================")
N = 7                              # 评委人数
f = open('ex0610.txt','w')         # 以只写模式打开文件
while True:
    singer = input("\n 请输入歌手号码：")
    if singer == 'q':
        print("你已退出评分系统！")
        break
    else:
        s = []                     # 评委评分列表
        for i in range(1,N+1):
            score = eval(input("{}号评委的评分为：".format(i)))
            s.append(score)

        # 输出歌手的最终得分
        print("去掉一个最高分：{}。去掉一个最低分：{}。".format(max(s),min(s)))
        print("{}号歌手的最终得分为：{:.3f}".format(singer,(sum(s)-max(s)-min(s))/(len(s)-2)))

        # 向 ex0610.txt 文件中写入评委评分及歌手得分
        f.write("\n{}号歌手的评委评分为：\n".format(singer) )
        f.write(str(s))
        f.write("去掉一个最高分：{}。去掉一个最低分：{}。\n".format(max(s),min(s)))
        f.write("{}号歌手的最终得分为：{:.3f}\n"
                                  .format(singer,(sum(s)-max(s)-min(s))/(len(s)-2)))
f.close()                    # 关闭文件
```

程序的运行结果如图 6-15 所示；程序运行后，将在当前文件夹下生成 ex0610.txt 文件，如图 6-16 所示；双击 ex0610.txt 文件，结果如图 6-17 所示。

```
====================== RESTART: E:/Python教材/ex0610.py
==
评分系统已启动，输入'q'退出！
============================

请输入歌手号码：1001
1号评委的评分为：92
2号评委的评分为：88
3号评委的评分为：87
4号评委的评分为：97
5号评委的评分为：83
6号评委的评分为：81
7号评委的评分为：95
去掉一个最高分：97。去掉一个最低分：81。
1001号歌手的最终得分为：89.000

请输入歌手号码：1002
1号评委的评分为：90
2号评委的评分为：90
3号评委的评分为：86
4号评委的评分为：95
5号评委的评分为：82
6号评委的评分为：80
7号评委的评分为：94
去掉一个最高分：95。去掉一个最低分：80。
1002号歌手的最终得分为：88.400

请输入歌手号码：q
你已退出评分系统！
>>>
```

图 6-15　例 6-10 的运行结果

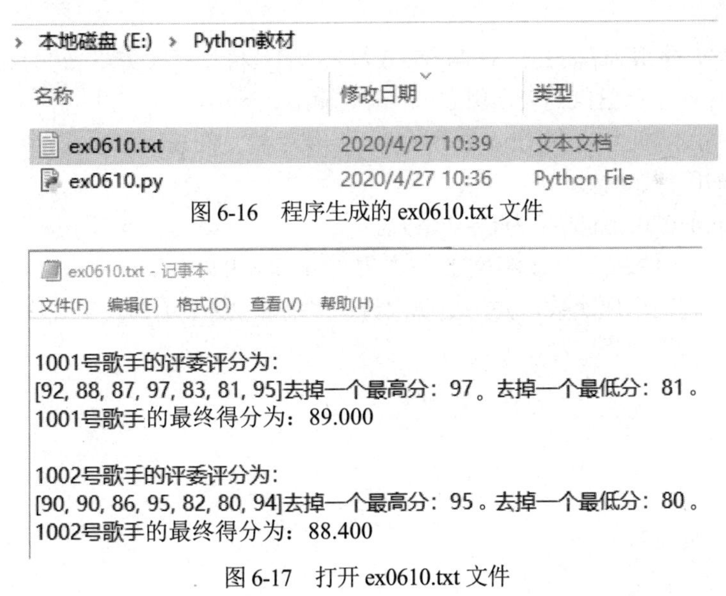
本地磁盘 (E:)
Python教材
名称
修改日期
类型
ex0610.txt
2020/4/27 10:39
文本文档
ex0610.py
2020/4/27 10:36
Python File
ex0610.txt - 记事本
文件(F)　编辑(E)　格式(O)　查看(V)　帮助(H)
1001号歌手的评委评分为:
[92, 88, 87, 97, 83, 81, 95]去掉一个最高分：97。去掉一个最低分：81。
1001号歌手的最终得分为：89.000
1002号歌手的评委评分为:
[90, 90, 86, 95, 82, 80, 94]去掉一个最高分：95。去掉一个最低分：80。
1002号歌手的最终得分为：88.400

图 6-16　程序生成的 ex0610.txt 文件

图 6-17　打开 ex0610.txt 文件

6.6 习　　题

一、选择题

1．以下选项中，不属于 Python 提供的文件打开模式的是______。

A. 'r'　　　　B. 'w'　　　　C. 'b+'　　　　D. 'c'

2．关于 Python 文件的'+'打开模式，以下选项中描述正确的是______。

A. 只读模式

B. 覆盖写模式

C. 追加写模式

D. 当与'r'、'w'、'a'或'x'一同使用时，会在原有功能的基础上增加同时读/写的功能

3．以下选项中，不是 Python 中文件操作相关函数的是______。

A. open()　　B. load()　　C. read()　　D. write()

4．以下选项中，不是 Python 文件处理方法 seek()的参数的是______。

A. 0　　B. 1　　C. 2　　D. －1

5．以下选项中，不是 Python 文件的合法打开模式的是______。

A. 'r'　　B. 'w'　　C. 'a'　　D. '+'

6．以下选项中，不是 Python 文件的合法打开模式组合的是______。

A. 'r+'　　B. 'w+'　　C. 't+'　　D. 'a+'

7．以下文件操作方法中，不能向 CSV 文件中写入数据的是______。

A. seek()　　B. readline()　　C. readlines()　　D. read()

8．以下方法中，可用于向 CSV 文件中写入数据的是______。

A. split()　　B. join()　　C. format()　　D. exists()

二、编程题

1．编写程序，生成列表[11,22,33,44,55,66,77,88,99]，将其写入文件 pr060201.txt 中。然后从文件 pr060201.txt 中读出该列表，用 print()函数输出。

2．编写程序，随机生成 30 个 6 位数的密码，保存到文件 pr060202.txt 中，每行保存 6 个密码，用空格隔开，共 5 行。

3．将文件 pr060202.txt 转换为 CSV 格式。

4．假设当前文件夹下存在英文的文本文件 pr060204.txt，编写程序，统计文本文件 pr060204.txt 中单词的出现次数，并将出现次数最多的前 20 个单词及出现次数降序显示在屏幕上。

第7章

模块、包与库

Python 中的模块(module)、包(package)、库(library)代表的是代码的组织方式。模块是核心，是 Python 对象；包是模块文件所在的目录；库是具有相关功能的模块的集合。

7.1 模 块

7.1.1 模块的概念

Python 中的模块其实就是.py 文件，里面定义了一些变量、函数或类，需要的时候就可以导入这些模块。迄今为止，我们编写的程序都包含在单独的.py 文件中。因此，它们既是程序，同时也是模块。在这里，程序与模块的概念有些模糊。通常可以这样认为，程序的设计目标是运行，而模块的设计目标是由其他程序导入并使用。对于程序设计来说，使用模块具有以下好处：

- 提高代码的可维护性。在系统开发过程中，随着代码量的不断增大，为了便于维护，合理地划分程序模块，分为多个文件，能很好地实现程序功能的定义，提高代码的可维护性。
- 提高代码的可重用性。模块通常是按功能划分的，这样可以方便其他程序调用，实现了业内常说的“不要重复造轮子”，提高了开发效率。程序中使用的模块，既可以是用户自定义模块或 Python 内置模块，也可以是来自第三方的模块。
- 有利于避免命名冲突。在不同模块中，变量和函数的名称可以相同，在导入模块时不会引起命名冲突问题。

7.1.2 模块的导入与使用

在程序中，为了使用某个模块，必须首先导入这个模块。在 Python 中，模块的导入是通过使用 import 语句来实现的。import 语句的语法格式如下：

```
import 模块名(或库名)[ as 别名]
```

import 语句能够导入整个模块，还可以选择使用 as 选项为导入的模块指定别名，以便后续使用。导入模块后，通过模块名或模块的别名即可调用模块中的函数。

在前面的学习中，我们已经见过导入 Python 内置模块的例子，例如：

- import math——导入 Python 内置的数学函数模块。
- import cmath——导入 Python 内置的复数域数学函数模块。
- import random——导入 Python 内置的随机函数模块。

math 模块和 cmath 模块中有很多名称相同的函数，但在调用这些函数时，并不会引起歧义和命名冲突。例如，math.sqrt()是数学函数模块中的开平方函数，其定义域是非负实数；而 cmath.sqrt()是复数域数学函数模块中的开平方函数，其定义域是复数域。相关应用示例如图 7-1 所示。

```
>>> import math
>>> import cmath
>>> math.sqrt(2)
1.4142135623730951
>>> math.sqrt(-2)
Traceback (most recent call last):
  File "<pyshell#20>", line 1, in <module>
    math.sqrt(-2)
ValueError: math domain error
>>> cmath.sqrt(2)
(1.4142135623730951+0j)
>>> cmath.sqrt(-2)
1.4142135623730951j
>>>
```

图 7-1　math 模块和 cmath 模块中的 sqrt()函数

在使用 import 语句导入模块时，每执行一条 import 语句，就相当于创建一个新的命名空间(命名空间可以简单理解为记录对象名称和对象之间对应关系的空间)。在调用模块中的变量和函数时，需要在变量名和函数名之前加上相应的“模块名.”前缀。

如果不想在导入模块时创建新的命名空间，而是想把具体的定义导入当前的命名空间中，那么可以使用 from…import 语句。from…import 语句的语法格式如下：

```
from 模块名(或库名) import 函数名(或变量名等)
```

可以同时导入多个函数或变量的定义，各函数名或变量名之间使用半角逗号隔开；要想导入全部定义，也可以使用通配符*来代替。这样导入的函数或变量，直接通过具体的名称访问即可，不需要再添加“模块名.”前缀，如图 7-2 所示。

```
>>> from math import sqrt,sin,pi
>>> sqrt(2)
1.4142135623730951
>>> sin(pi/2)
1.0
>>>
```

图 7-2　form…import 导入示例

这种方式虽然用起来方便，但容易引起命名冲突。在使用 from…import 语句导入模块中的定义时，需要确保导入的内容在当前的命名空间中是唯一的，否则将出现命名冲突，后导入的定义将覆盖命名空间中已有的同名函数或变量等，造成灾难性后果。

通常情况下，不提倡使用 from…import 语句，而提倡使用 import 语句。为了方便起见，我们经常启用 import 语句的 as 选项，为导入的模块指定别名，例如：

- import numpy as np——导入 NumPy，一种开源的 Python 科学计算库，别名为 np。
- import pandas as pd——导入 Pandas，一种基于 NumPy 的数据分析库，别名为 pd。
- import matplotlib.pyplot as plt——导入 matplotlib 库的 pyplot 模块，别名为 plt。matplotlib 是 Python 2D 绘图库，能够在各种平台上以各种格式和交互式环境生成具有出版品质的图形。matplotlib 可生成直方图、功率谱、条形图、散点图等。

使用 import 语句导入模块时，导入的模块将会自动执行。以自定义模块 ex0412(参见例 4-12)为例，输入正整数 *m*、*n*，计算组合数 C_m^n，如图 7-3 所示。

```
>>> import ex0412
m = 5
n = 3
m、n的组合数为 10
>>> type(ex0412)
<class 'module'>
>>> dir(ex0412)
['__builtins__', '__cached__', '__doc__', '__file__', '__load
er__', '__name__', '__package__', '__spec__', 'combination',
'factorial', 'main']
>>> ex0412.__name__
'ex0412'
>>>
>>> help(ex0412.combination)
Help on function combination in module ex0412:

combination(m, n)
    计算m、n的组合数

>>> help(ex0412.factorial)
Help on function factorial in module ex0412:

factorial(n)
    计算整数n的阶乘

>>>
```

图 7-3 自定义模块导入示例

补充说明：

- 模块 ex0412 需要位于 Python shell 运行的当前工作目录中。
- 当使用 import ex0412 导入模块时，程序 ex0412.py 将自动执行，请按提示输入 *m*、*n* 的值，计算并输出 *m*、*n* 的组合数。
- 由 type(ex0412)可知，ex0412 是 Python 对象，类型是模块(<class 'module'>)。
- 由 dir(ex0412)可得到与模块对象 ex0412 相关联的变量、属性和方法，其中'combination'、'factorial'和 'main'是在模块中自定义的函数，利用 help()函数我们可以查看相关的文档字符串。同时，Python 还为模块对象添加了一些内置属性，这些内置属性是以双下画线__开头和结尾的。
- __doc__属性用于显示模块的文档字符串。在本例中，运行 ex0412.__doc__，即可得到文档字符串“'\n 例 4-12 参考代码\n 输入正整数 *m*、*n*，求组合数\n'”。

- __file__属性用于显示模块的文件路径。在本例中，运行 ex0412.__file__，即可得到模块的文件路径字符串"'E:/Python 教材\\ex0412.py'"。
- __name__属性用于显示当前模块的名称。如果.py 文件作为模块被导入，那么__name__属性的值为"模块名"。在本例中，运行 ex0412.__name__，即可得到模块名字符串"'ex0412'"。如果.py 文件作为脚本程序直接运行，那么__name__属性的值为字符串"'__main__'"。因此，条件语句 if __name__ == "__main__":经常被用来控制这两种不同情况下代码的执行过程。

例 7-1 编写程序，计算 $5!+9!+C_5^3+C_9^4$ 的值。

问题分析：

- 我们在前面已经看到，模块 ex0412 中已经定义了求整数 *n* 的阶乘的函数 factorial(*n*)以及求整数 *m*、*n* 的组合数的函数 combination(*m*,*n*)。因此，在本题中我们不需要再重新编写求阶乘和组合数的函数，只需要导入 ex0412 模块，调用相应的函数即可。
- 当使用 Python 求解问题时，要善于利用 Python 内置模块、第三方库和自定义模块。

代码示例如下：

```
'''
例 7-1 参考代码
'''
import ex0412 as e                    # 导入 ex0412 模块，并指定别名为 e

s = e.factorial(5) + e.factorial(9) + e.combination(5,3) + e.combination(9,4)
print("5! + 9! + C5,3 + C9,4 =",s)
```

程序的运行结果如图 7-4 所示。

```
======================== RESTART: E:\
m = 5
n = 3
m、n的组合数为 10
5! + 9! + C5,3 + C9,4 = 363136
>>>
```

图 7-4 例 7-1 的运行结果

补充说明：

- 从图 7-4 所示的运行结果我们可以看到，导入的模块 ex0412 也被执行了一次。这种结果显然不是我们想要的。我们只希望输出自己想要的计算结果。
- 为此，在模块 ex0412 中加入条件语句 if __name__ == "__main__":。当条件表达式的值为"真"时，模块才作为脚本程序直接执行；而当使用 import 语句导入模块时，相应的__name__属性值为"模块名"，条件表达式的值为"假"，此时模块不会被直接执行，但是可以调用模块中的函数。

对模块 ex0412 稍做修改，将模块名改为 ex0412_2，代码如下：

```
'''
例 4-12 修改代码
输入正整数 m、n，求组合数
'''
def factorial(n):
    '''
    计算整数 n 的阶乘
    '''
    fn = 1
    for i in range(1,n+1):
        fn *= i
    return fn

def combination(m,n):
    '''
    计算整数 m、n 的组合数
    '''
    cmn = factorial(m)//(factorial(n)*factorial(m-n))    # 注意分母中括号的使用
    return cmn

def main():                # 主函数
    m = int(input("m = "))
    n = int(input("n = "))
    print("m，n 的组合数为",combination(m,n))

if __name__ == "__main__":
    main()                 # 调用主函数以执行程序
```

相应地对例 7-1 中的代码也稍做修改，代码如下：

```
'''
例 7-1 修改代码
'''
import ex0412_2 as e                    # 导入 ex0412_2 模块，并指定别名为 e

s = e.factorial(5) + e.factorial(9) + e.combination(5,3) + e.combination(9,4)
print("5! + 9! + C5,3 + C9,4 =",s)
```

程序的运行结果如图 7-5 所示。

```
======================== RESTART: E:\
5! + 9! + C5,3 + C9,4 = 363136
>>>
```

图 7-5　例 7-1 修改后的运行结果

其实，我们开发的很多项目都只有一个主程序，所有需要的模块都由主程序导入。此外，通常情况下，我们设计开发的绝大部分模块，都是为了让别人调用，而不是作为独立执行的脚本。因此，在设计模块时，要尽可能使用条件语句 if __name__ == "__main__":，从而控制作为脚本独立执行和作为模块被导入这两种执行代码的过程。

7.1.3 模块搜索路径

当使用 import 语句导入模块时，需要查找模块的位置，即模块的文件路径。Python 不允许在 import 语句中指定模块的文件路径，因而只能使用 Python 设置的搜索路径。默认情况下，Python 会按照以下顺序进行搜索：

(1) 在当前目录(即执行的 Python 脚本文件所在的目录)中进行查找。

(2) 到 PYTHONPATH(环境变量)下的每个目录中进行查找。

(3) 到 Python 默认安装目录中进行查找。

Python 内置的标准模块 sys 的 path 属性可以用来查看 Python 当前的搜索路径是如何设置的。查看 Python 的搜索路径和当前目录，如图 7-6 所示。

```
>>> import sys
>>> sys.path
['E:\\Python教材', 'C:\\Users\\Administrator\\AppData\\Local\\Prog
rams\\Python\\Python38\\python38.zip', 'C:\\Users\\Administrator\\
AppData\\Local\\Programs\\Python\\Python38\\DLLs', 'C:\\Users\\Adm
inistrator\\AppData\\Local\\Programs\\Python\\Python38\\lib', 'C:\
\Users\\Administrator\\AppData\\Local\\Programs\\Python\\Python38'
, 'C:\\Users\\Administrator\\AppData\\Local\\Programs\\Python\\Pyt
hon38\\lib\\site-packages']
>>>
```

图 7-6 查看 Python 的搜索路径和当前目录

在开发程序时，往往不可能将所有模块都放在当前文件目录下。我们常常会根据功能，将一些模块存放在不同的文件目录下，于是就需要将这些不同的目录都添加到 sys.path 中。通常，我们会采取在 PYTHONPATH(环境变量)中添加目录的办法，具体步骤如下：

(1) 在“计算机”(或“此电脑”)图标上右击，在弹出的菜单中单击“属性”，然后在弹出的对话框的左侧单击“高级系统设置”，弹出“系统属性”对话框，如图 7-7 所示。

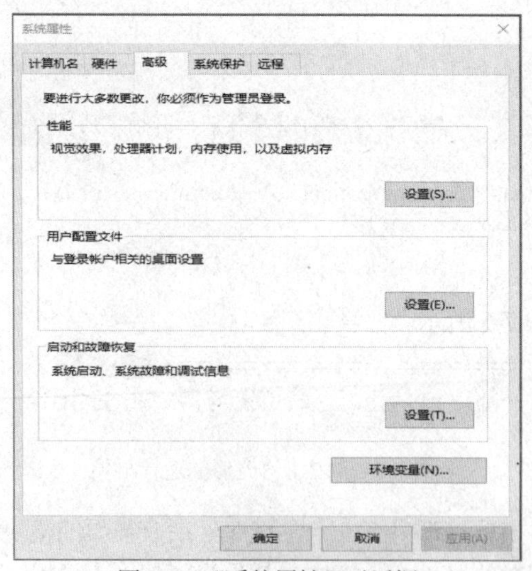

图 7-7 “系统属性”对话框

(2) 在图 7-7 所示的“系统属性”对话框中，单击“环境变量(N)…”按钮，将弹出“环境变量”对话框，如图 7-8 所示。

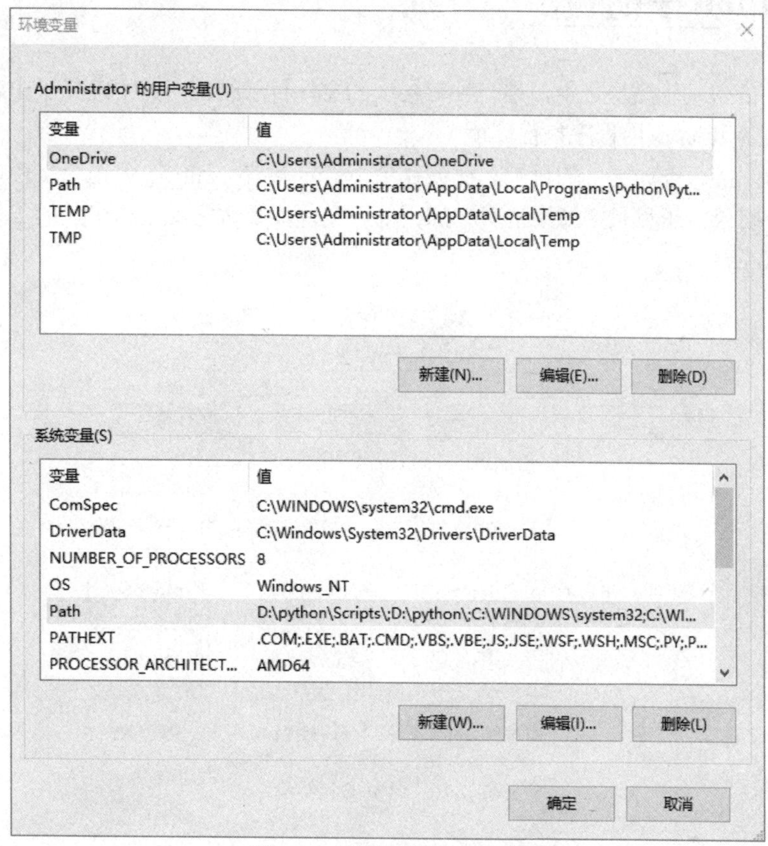

图 7-8 “环境变量”对话框

(3) 在图 7-8 所示的“环境变量”对话框中，利用右侧的滚动条，查看未显示出来的系统变量，如果没有环境变量 PYTHONPATH，则单击下方的“新建(W)…”按钮，弹出“新建系统变量”对话框。在“变量名(N)”栏目中输入 PYTHONPATH，通过单击下方的“浏览目录(D)…”按钮，选择想要添加的文件目录到“变量值(V)”栏目中，如图 7-9 所示。如果已有环境变量 PYTHONPATH，则选中该变量，单击“编辑(I)…”按钮，并在弹出的对话框的“变量值(V)”栏目中添加新的模块目录，目录之间使用半角逗号隔开。

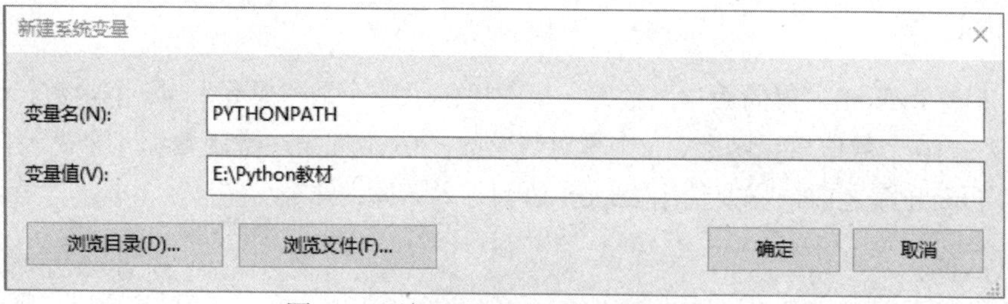

新建系统变量
变量名(N): PYTHONPATH
变量值(V): E:\Python教材
浏览目录(D)... 浏览文件(F)... 确定 取消

图 7-9 添加 PYTHONPATH 环境变量

7.2 Python 中的包

Python 中的包基于模块之上，是一种有层次的文件目录结构，其中定义了由若干模块或若干子包组成的 Python 应用程序执行环境。

包是包含__init__.py 文件的目录，在该目录下一定得有__init__.py 这个文件，然后是一些模块文件和子目录。子目录中如果也有__init__.py 文件，那么它就是这个包的子包。常见的包结构如图 7-10 所示。

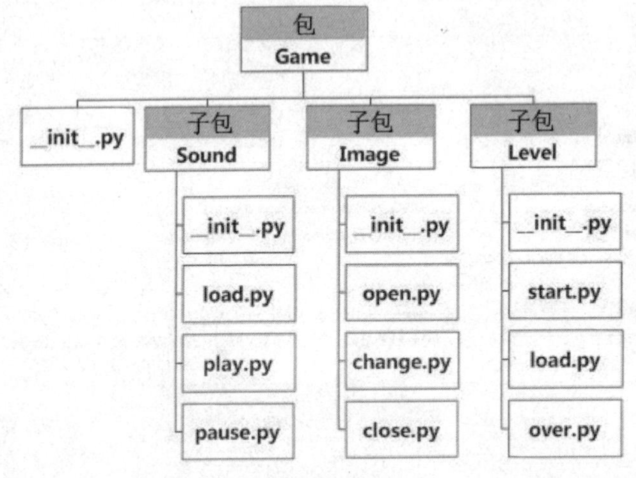

图 7-10 常见的包结构

7.3 Python 中的标准库

Python 中的标准库就是下载并安装 Python 时自带的那些模块。Python 中的标准库非常庞大，包含了多个用 C 语言编写的模块，Python 程序员必须依靠它们才能实现系统级功能，如文件 I/O。此外，Python 中的标准库还包含大量用 Python 语言编写的模块，提供了日常编程中许多问题的标准解决方案。本节将介绍几个常用的标准库。

7.3.1 math 库

math 库是 Python 内置的数学函数库，里面提供了 4 个数学常数和 44 个函数。这 44 个函数分为 4 类：16 个数值表示函数、8 个幂对数函数、16 个三角对数函数和 4 个高等特殊函数。

在使用 math 库之前，需要使用 import 语句导入该库：

```
import math
```

之后，执行 dir(math)命令，就可以查看 math 库中的所有函数，如图 7-11 所示。

```
>>> import math
>>> dir(math)
['__doc__', '__loader__', '__name__', '__package__', '__spec__', 'aco
s', 'acosh', 'asin', 'asinh', 'atan', 'atan2', 'atanh', 'ceil', 'comb
', 'copysign', 'cos', 'cosh', 'degrees', 'dist', 'e', 'erf', 'erfc',
'exp', 'expm1', 'fabs', 'factorial', 'floor', 'fmod', 'frexp', 'fsum'
, 'gamma', 'gcd', 'hypot', 'inf', 'isclose', 'isfinite', 'isinf', 'is
nan', 'isqrt', 'ldexp', 'lgamma', 'log', 'log10', 'log1p', 'log2', 'm
odf', 'nan', 'perm', 'pi', 'pow', 'prod', 'radians', 'remainder', 'si
n', 'sinh', 'sqrt', 'tan', 'tanh', 'tau', 'trunc']
>>>
```

图 7-11　math 库中的所有函数

math 库中的部分常数和函数如表 7-1 所示。

表 7-1　math 库中的部分常数和函数

常数或函数	功能描述
math.pi	圆周率，3.141592653589793
math.e	自然常数，2.718281828459045
math.sqrt(x)	返回 x 的平方根，math.sqrt(3) = 1.7320508075688772
math.pow(x, y)	返回 x 的 y 次方，math.pow(2,8) = 256.0
math.exp(x)	返回 e 的 x 次方，math.exp(2) = 7.38905609893065
math.log10(x)	返回 x 的以 10 为底的对数，math.log10(2) = 0.30102999566398114
math.fabs(x)	返回 x 的绝对值，math.fabs(- 9.8) = 9.8
math.fmod(x, y)	返回 x % y(取余)，math.fmod(8,3) = 2.0
math.factorial(x)	返回 x 的阶乘，math.factorial(4) = 24
math.log(x[, base])	返回 x 的以 base 为底的对数，base 默认为 e
math.ceil(x)	返回不小于 x 的整数，math.ceil(7.2) = 8
math.floor(x)	返回不大于 x 的整数，math.floor(7.2) = 7
math.trunc(x)	返回 x 的整数部分，math.trunc(5.8) = 5
math.isnan(x)	若 x 不是数字，返回 True；否则，返回 False
math.degrees(x)	弧度转度，math.degrees(math.pi) = 180.0
math.radians(x)	度转弧度，math.radians(45) = 0.7853981633974483
math.sin(x)	返回 x(弧度)的三角正弦值，math.sin(math.radians(30)) = 0.49999999999999994
math.cos(x)	返回 x(弧度)的三角余弦值
math.tan(x)	返回 x(弧度)的三角正切值
math.asin(x)	返回 x 的反三角正弦值，math.asin(0.5) = 0.5235987755982989
math.acos(x)	返回 x 的反三角余弦值
math.atan(x)	返回 x 的反三角正切值

(续表)

常数或函数	功能描述
math.sinh(x)	返回 x 的双曲正弦函数
math.cosh(x)	返回 x 的双曲余弦函数
math.tanh(x)	返回 x 的双曲正切函数
math.asinh(x)	返回 x 的反双曲正弦函数
math.acosh(x)	返回 x 的反双曲余弦函数
math.atanh(x)	返回 x 的反双曲正切函数
math.erf(x)	返回 x 的误差函数
math.gamma(x)	返回 x 的伽玛函数

7.3.2 random 库

random 库是 Python 内置的随机函数库，主要用于生成随机数。这里所说的随机数是伪随机数，它们是采用梅森旋转算法生成的(伪)随机序列中的元素。

在使用 random 库之前，需要使用 import 语句导入该库：

```
import random
```

之后，执行 dir(random)命令，就可以查看 random 库中的所有函数，如图 7-12 所示。

```
>>> import random
>>> dir(random)
['BPF', 'LOG4', 'NV_MAGICCONST', 'RECIP_BPF', 'Random', 'SG_MAGICCONS
T', 'SystemRandom', 'TWOPI', '_Sequence', '_Set', '__all__', '__built
ins__', '__cached__', '__doc__', '__file__', '__loader__', '__name__'
, '__package__', '__spec__', '_accumulate', '_acos', '_bisect', '_cei
l', '_cos', '_e', '_exp', '_inst', '_log', '_os', '_pi', '_random',
'_repeat', '_sha512', '_sin', '_sqrt', '_test', '_test_generator', '_u
random', '_warn', 'betavariate', 'choice', 'choices', 'expovariate',
'gammavariate', 'gauss', 'getrandbits', 'getstate', 'lognormvariate',
'normalvariate', 'paretovariate', 'randint', 'random', 'randrange',
'sample', 'seed', 'setstate', 'shuffle', 'triangular', 'uniform', 'von
misesvariate', 'weibullvariate']
>>>
```

图 7-12　random 库中的所有函数

random 库中的一些常用函数如表 7-2 所示。

表 7-2　random 库中的一些常用函数

函 数	功能描述
random.random()	返回一个取值区间为[0.0, 1.0]的随机浮点数
random.randint(a,b)	返回一个取值区间为[a, b]的随机整数
random.uniform(a,b)	返回 a 和 b 之间的随机浮点数，取值区间为[a, b]或[a, b]
random.choice(seq)	从序列 seq 中随机选取一个元素

(续表)

函 数	功能描述
random.choices(seq,k=i)	从序列 seq 中随机读取 i 个元素，k 默认为 1
random.shuffle(x)	将列表 x 中的元素打乱，俗称洗牌，这会改变原有序列
random.sample(seq, k)	从指定序列中随机获取 k 个元素作为片段返回，sample()函数不会改变原有序列
random.seed(a=None)	初始化给定的随机种子，默认为当前系统时间

random 库中部分函数的使用方法如图 7-13 所示。

```
>>> import random
>>> names = ["张三","李四","王五","赵六","钱七"]
>>> name1 = random.choice(names)              # 随机选1个人
>>> name1
'王五'
>>> name2 = random.sample(names, 2)           # 随机选2个人
>>> name2
['赵六', '李四']
>>> random.shuffle(names)                     # 将names打乱
>>> names
['钱七', '赵六', '张三', '王五', '李四']
>>>
```

图 7-13 random 库中部分函数的使用方法

7.3.3 time 库

time 库是 Python 中处理时间的标准库，主要用于格式化时间。Python 处理时间的常用方法是，先获得时间戳，再将其转换成想要的时间格式。

时间戳是指从格林尼治时间 1970 年 01 月 01 日 00 分 00 秒(北京时间 1970 年 01 月 01 日 08 时 00 分 00 秒)起至现在的总秒数，时间间隔是以秒为单位的浮点小数，在 time 模块中可通过 time.time()函数获得。

时间戳经常用于执行日期运算。但是，1970 年之前的日期无法用时间戳表示；太遥远的日期也无法用时间戳表示，现在的 UNIX 和 Windows 系统只支持到 2038 年的时间戳。

在使用 time 库之前，需要使用 import 语句导入该库：

```
import time
```

之后，执行 dir(time)命令，就可以查看 time 库中的所有函数，如图 7-14 所示。

```
>>> import time
>>> dir(time)
['_STRUCT_TM_ITEMS', '__doc__', '__loader__', '__name__', '__package_
_', '__spec__', 'altzone', 'asctime', 'ctime', 'daylight', 'get_clock
_info', 'gmtime', 'localtime', 'mktime', 'monotonic', 'monotonic_ns',
'perf_counter', 'perf_counter_ns', 'process_time', 'process_time_ns',
'sleep', 'strftime', 'strptime', 'struct_time', 'thread_time', 'thread
_time_ns', 'time', 'time_ns', 'timezone', 'tzname']
>>>
```

图 7-14 time 库中的所有函数

Python 定义了元组 struct_time，用于将与时间相关的年、月、日、时、分、秒等属性封装起来，类型为<class 'time.struct_time'>，如表 7-3 所示。

表 7-3 'time.struct_time'类型元组中的属性及描述

索引	属性及描述
0	tm_year，四位数的年，如 2020
1	tm_mon，月，1~12
2	tm_mday，日，1~31
3	tm_hour，时，0~23
4	tm_min，分，0~59
5	tm_sec，秒，0~60(或 61，61 是闰秒)
6	tm_wday，一周中的周几，0~6(0 表示周一，6 表示周日)
7	tm_yday，一年中的第几天，1~366
8	tm_isdst，夏令时，默认为－1

time 库中的一些常用函数如表 7-4 所示。

表 7-4 time 库中的一些常用函数

函 数	功能描述
time.time()	返回当前时间的时间戳，time.time() = 1588488956.1097257
time.localtime([secs])	接收时间戳，返回当地时间下的时间元组
time.gmtime([secs])	接收时间戳，返回格林尼治天文时间下的时间元组
time.clock()	返回当前的 CPU 时间——以浮点数计算的秒数，用来衡量不同程序的耗时情况，相比 time.time()更方便
time.asctime([tupletime])	接收时间元组，返回一个可读的形式为'Sun May 3 16:23:12 2020'的包含 24 个字符的字符串
time.sleep(secs)	推迟调用线程的运行，secs 表示秒数
time.ctime([secs])	作用相当于 asctime(localtime(secs))
time.mktime(tupletime)	接收时间元组，返回时间戳

time 库中部分函数的使用方法如图 7-15 所示。

```
>>> import time
>>> time.time()
1588496362.401053
>>> now = time.localtime()
>>> now
time.struct_time(tm_year=2020, tm_mon=5, tm_mday=3, tm_hour=16, tm_mi
n=59, tm_sec=29, tm_wday=6, tm_yday=124, tm_isdst=0)
>>> now[2]
3
>>> now[7]
124
>>> time.asctime(now)
'Sun May  3 16:59:29 2020'
>>>
```

图 7-15　time 库中部分函数的使用方法

7.3.4　turtle 库

turtle 库是 Python 内置的标准库之一，用于进行基本的图形绘制。turtle 是海龟的意思。使用 turtle 库绘制图形的基本框架是：一只小海龟在坐标系中爬行，其爬行轨迹形成的便是绘制的图形。

在使用 turtle 库之前，需要使用 import 语句导入该库：

```
import turtle
```

但我们更多的时候是使用 import…as 语句导入该库：

```
import turtle as t
```

以上语句使用保留字 as 为 turtle 库指定了别名 t，这样后续对 turtle 库中函数的调用便可采用如下更为简洁的形式：

```
t.函数名()
```

利用 turtle 库绘制图形，可以形象地理解为展开画布，拿起画笔，绘制图形。

1．画布

画布就是 turtle 为我们展开的用于绘图的区域，可以设置大小和初始位置。可通过如下两种方法设置画布。

```
turtle.screensize(canvwidth=None, canvheight=None, bg=None)    # 第一种方法
```

其中的参数分别表示画布的宽(单位为像素)、高(单位为像素)和背景颜色。例如：

```
turtle.screensize(800,600, "green")
turtle.screensize()      # 返回默认大小(400, 300)
turtle.setup(width=0.5, height=0.75, startx=None, starty=None)    # 第二种方法
```

其中，参数 width 和 height 分别表示画布的宽和高，当输入的宽和高为整数时，表示像素；当输入的宽和高为小数时，表示占据的计算机屏幕的比例。参数 startx 和 starty 表示画布窗口左上角顶点的位置(单位为像素)，如果为空，则画布窗口位于屏幕中心。例如：

```
turtle.setup(width=0.6,height=0.6)
turtle.setup(width=800,height=800, startx=100, starty=100)
```

2. 画笔

在画布上，默认有一条坐标原点为画布中心的坐标轴，坐标原点上有一只面朝 *x* 轴正方向的小海龟，这表示画笔(小海龟)的初始位置是坐标原点，初始方向是 *x* 轴正方向。在 turtle 绘图中，我们将使用位置和方向描述画笔(小海龟)的状态。

画笔的状态包括画笔的抬起与落下、画笔的宽度和颜色等，turtle 的画笔控制方法如表 7-5 所示。

表 7-5　turtle 的画笔控制方法

方 法	功能描述
turtle.penup()/turtle.pu()/turtle.up()	提起画笔，移动但不绘制图形，用于另起一个地方开始绘制，可与 turtle.pendown()配合使用
turtle.pendown()/turtle.pd()/turtle.down()	放下画笔，移动时绘制图形，默认时也绘制
turtle.pensize()/turtle.width()	设置画笔的宽度，若为 None 或空，则返回当前画笔的宽度
turtle.pencolor(colorstring)/ turtle.pencolor(r,g,b)	传入参数以设置画笔的颜色，可以是字符串，如"green"、"red"；也可以是 RGB 三元组，取值范围是[0,255]。无参数传入时，返回当前画笔的颜色
turtle.speed(speed)	设置画笔的移动速度，取值范围是[0,10]，数字越大，速度越快

3. 绘图

turtle 是通过控制画笔的行进动作来完成绘图的，包括控制画笔的前进方法、后退方法、方向控制、图形填充等。turtle 中有许多操纵小海龟绘图的方法，如表 7-6 所示。

表 7-6　turtle 的绘图方法

方 法	功能描述
turtle.foward(d)/turtle.fd(d)	沿当前画笔方向前进 d 像素距离，当值为负时，表示向相反方向前进
turtle.backward(d)/turtle.bk(d)	向当前画笔相反方向前进 d 像素距离
turtle.left(angle)	向左旋转 angle 角度
turtle.right(angle)	向右旋转 angle 角度
turtle.setx(x)	将当前 *x* 轴移到指定位置，单位是像素
turtle.sety(y)	将当前 *y* 轴移到指定位置，单位是像素
turtle.seth(angle)/turtle.setheading(angle)	改变画笔绘制方向，angle 是绝对方向的角度值
turtle.goto(x,y)	将画笔移到指定的坐标位置
turtle.home()	设置当前画笔的位置为原点，朝向 *x* 轴正方向
turtle.dot(diameter, colorstring)	绘制直径为 diameter(单位为像素)、颜色为 colorstring(字符串，如"red")的圆点

(续表)

方 法	功能描述
turtle.fillcolor(colorstring)	绘制图形的填充颜色
turtle.color(color1, color2)	设置 pencolor=color1、fillcolor=color2
turtle.begin_fill()	准备开始填充图形
turtle.end_fill()	填充完成
turtle.filling()	返回当前是否处在填充状态
turtle.hideturtle()	隐藏画笔的 turtle 形状
turtle.showturtle()	显示画笔的 turtle 形状
turtle.undo()	撤销上一个 turtle 动作
turtle.circle(radius,extent=None, steps=None)	根据半径 radius 绘制 extents 角度的弧形；默认为画圆，半径为正(负)，表示圆心在画笔的左边(右边)；当绘制半径为 radius 的圆的内切正多边形时，多边形的边数为 steps

例 7-2　编写程序，绘制心形图标。

问题分析：

- 在绘制前，需要仔细分析心形图标是由哪几部分基本图形构成的。我们可以看到，心形图标是由两个线段和两个半圆构成的。
- 更重要的是，还要仔细分析画笔的方向该如何调整。

代码示例如下：

```
'''
例 7-2 参考代码
'''
import turtle as t          # 导入 tuetle 库，指定别名为 t

t.color('red','pink')       # 设置画笔为红色，填充色为粉色
t.pensize(2)                # 设置画笔线宽为 2
t.begin_fill()              # 开始填充
t.left(135)                 # 左转 135 度
t.fd(100)                   # 画 100 像素长度的线段
t.right(180)                # 右转 180 度
t.circle(50,-180)           # 在方向的右侧画半圆
t.left(90)                  # 左转 90 度
t.circle(50,-180)           # 在方向的右侧画半圆
t.right(180)                # 右转 180 度
t.fd(100)                   # 画 100 像素长度的线段
t.end_fill()                # 结束填充
t.hideturtle()              # 隐藏“小海龟”
```

程序的运行结果如图 7-16 所示。

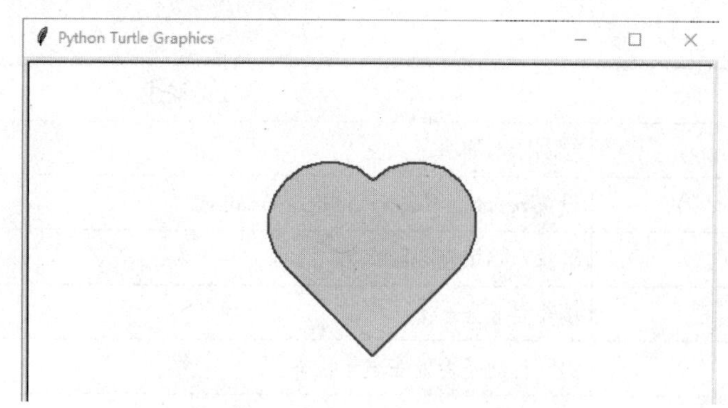

图 7-16 例 7-2 的运行结果

例 7-3 编写程序，绘制太阳花。

代码示例如下：

```
'''
例 7-3 参考代码
'''
import turtle as t           # 导入 tuetle 库，指定别名为 t

t.color("red","yellow")      # 设置画笔为红色，填充色为黄色
t.pensize(2)                 # 设置画笔线宽为 2
t.begin_fill()               # 开始填充
t.bk(200)                    # 画笔向左移动 200 像素
for i in range(36):          # 开始绘制太阳花
    t.fd(400)
    t.left(170)
t.end_fill()                 # 结束填充
```

程序的运行结果如图 7-17 所示。

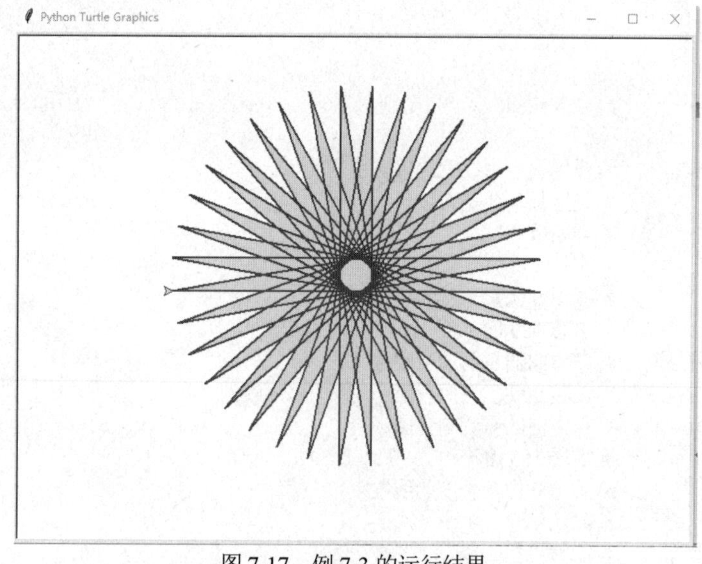

图 7-17 例 7-3 的运行结果

例 7-4 编写程序，绘制填充矩形和填充五角星。

代码示例如下：

```
'''
例 7-4 参考代码
'''
import turtle as t

t.setup(600, 400)               # 设置窗口大小
t.title("turtle 绘图演示")       # 设置窗口标题
t.hideturtle()                  # 隐藏“小海龟”

# 绘制填充矩形
def rectangle(a,b):
    '''
    绘制宽为 a、高为 b 的矩形
    '''
    t.penup()                   # 提起画笔
    t.goto(-a//2,b//2)          # 移动到矩形的左上角
    t.pendown()                 # 放下画笔
    t.color("red","red")        # 设置画笔为红色，填充色为红色
    t.begin_fill()              # 开始填充绘制
    for i in range(2):
        t.forward(a)            # 向右绘制上边
        t.right(90)             # 由右向下转向
        t.forward(b)            # 向下绘制右边
        t.right(90)             # 由下向左转向
    t.end_fill()                # 结束填充绘制

# 绘制填充五角星
def pentagram(x,y,length):
    '''
    (x,y)为起点坐标，length 为五角星的边长
    '''
    t.penup()
    t.goto(x,y)
    t.pendown()
    t.color("yellow","yellow")
    t.begin_fill()
    for i in range(5):
        t.forward(length)
        t.right(144)
    t.end_fill()

if __name__ == "__main__":
    rectangle(400,300)
    pentagram(-150,75,100)
```

程序的运行结果如图 7-18 所示。

图 7-18　例 7-4 的运行结果

7.4 Python 中的第三方库

在利用 Python 进行程序开发时，除了可以使用内置的标准库之外，还有大量的第三方库可以使用。Python 中的第三方库是由其他的第三方机构发布的具有特定功能的模块，可在 Python 官方推出的 https://pypi.org/网站上查找和下载。

7.4.1　第三方库简介

Python 受到众人青睐的一个重要原因就是，Python 拥有众多的第三方库，可以更高效地实现开发，从网络爬虫、文本处理、数据可视化、科学计算、大数据分析到人工智能，再从 Web 开发、游戏开发、网络安全到系统运维，涵盖了信息技术领域的众多技术方向。如果说功能强大的标准库奠定了 Python 发展的基石，那么丰富的包罗万象的第三方库则是 Python 能不断发展的重要保证。

Python 常用的第三方库可以从 Python Package Index (PyPI) 软件库(官网为 https://pypi.org/)中查询和下载，如图 7-19 所示。

图 7-19　PyPI 官网

7.4.2　下载与安装第三方库

在使用 Python 的第三方库之前，需要首先下载并安装它们，然后就可以像使用标准库一样，导入并使用了。下载和安装第三方库，可以使用 Python 提供的 pip 命令来实现。pip 命令的语法格式如下：

```
pip install/uninstall/list 第三方库名
```

其中，install、uninstall、list 是常用的命令参数，它们各自的含义如下。

- install：用于安装第三方库。
- uninstall：用于卸载已经安装的第三方库。
- list：用于显示已经安装的第三方库。

注意：

pip 是 Python 内置命令，不能在 IDLE 环境中运行，可在 Windows 的命令行界面中执行 pip 命令。

下面以安装用于打包源文件的 PyInstaller 库为例，介绍利用 pip 命令下载和安装第三方库的方法。强烈建议使用 pip **在线安装**的方式安装 PyInstaller 库，而不要使用离线包的方式，因为 PyInstaller 库的安装还依赖其他模块，pip 在安装 PyInstaller 库时会先安装其依赖模块。

将光标置于屏幕左下角的“开始”图标上，右击，在弹出的菜单中选择“运行(R)”命令，进入如图 7-20 所示的界面；输入 cmd，单击“确定”按钮，进入如图 7-21 所示的界面；输入命令 pip install pyinstaller，按 Enter 键，进入 PyInstaller 库的下载和安装界面，如图 7-22 所示。

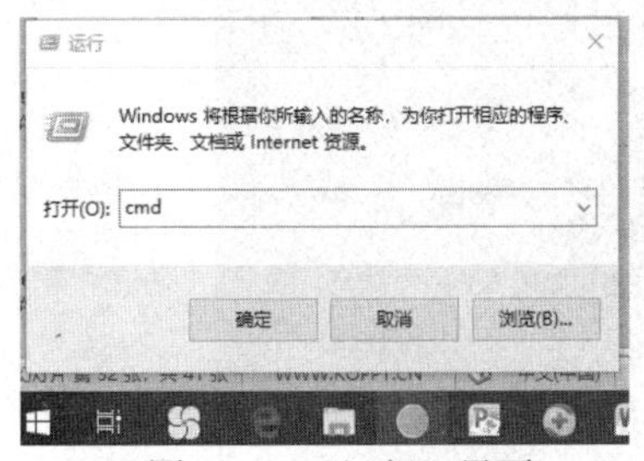

图 7-20　“运行”界面

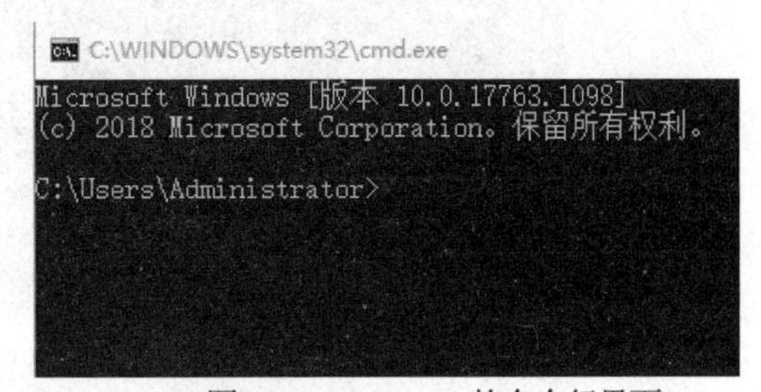

图 7-21　Windows 的命令行界面

图 7-22　在线下载和安装 PyInstaller 库

PyInstaller 库安装成功后，Python 安装目录(D:\Python)的 Scripts 子目录下将新增 pyinstaller.exe 程序，接下来就可以使用 PyInstaller 将 Python 程序变成可执行文件了。

7.4.3 使用 PyInstaller 打包文件

创建完独立的 Python 应用程序(自包含相关依赖包)之后，当需要发给别人使用的时候，我们总会想如何将程序打包成可执行文件并发给对方。这样对方就可以直接运行使用，而无须安装 Python 环境。同时，这样做也可以增强应用程序的安全性。

可以使用 PyInstaller，在 Windows、Linux 和 Mac OS X 等操作系统中，将 Python 程序的源文件打包并生成可以直接运行的可执行程序。这些程序既可以被分发到 Windows、Linux 或 Mac OS X 平台上没有安装 Python 的环境中运行，也可以作为独立的文件进行传递和管理。

下面以打包“E:\Python 教材\ex0704.py”为例，介绍 pyinstaller.exe 的使用方法。

- 打开 Windows 的命令行界面，输入“cd /d E:\Python 教材”命令，将当前路径切换到要打包的文件 ex0704.py 所在的路径。
- 在命令提示符后输入“pyinstaller E:\Python 教材\ex0704.py”命令，按 Enter 键，系统开始打包文件，你将看到详细的生成过程，如图 7-23 所示。

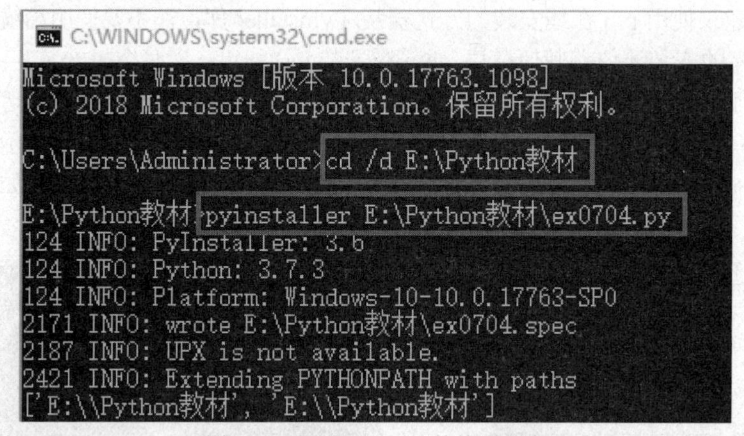

图 7-23 pyinstaller.exe 的使用方法

- 打包结束后，系统将在“E:\Python 教材”文件夹下生成 dist 和 build 两个文件夹，如图 7-24 所示。其中，build 文件夹用于存放 PyInstaller 的临时文件，可以安全删除；最终的打包程序存放在 dist 文件夹的 ex0704 子文件夹中，ex0704.exe 可执行文件就是生成的打包文件，其他文件是动态链接库。

本地磁盘 (E:) › Python教材

名称	修改日期	类型
__pycache__	2020/5/5 14:38	文件夹
build	2020/5/5 15:32	文件夹
dist	2020/5/5 15:32	文件夹

图 7-24 系统生成的 dics 和 build 文件夹

在文件夹“E:\Python 教材\dist\ex0704”中双击 ex0704.exe，即可执行程序，效果与例 7-4

一样，参见图7-18。不过，由于程序没有图形用户界面，因此一闪就消失了。

利用pyinstaller.exe打包Python程序时，还有一些参数可以使用，部分常用参数及功能描述如表7-7所示。

表7-7 PyInstaller的部分常用参数及功能描述

参 数	功能描述
-h、--helo	查看帮助信息
-F、-onefile	生成单个可执行文件
-D、--onedir	生成一个目录(其中包含多个文件)
-a、--ascii	不包含Unicode字符集支持
-d、--debug	生成debug版本的可执行文件
-w、--windowed、--noconsolc	指定程序运行时不显示命令行界面(仅对Windows有效)
-c、--nowindowed、--console	指定使用命令行界面运行程序(仅对Windows有效)
-o DIR、--out=DIR	指定spec文件的生成目录。如果没有指定，那么默认使用当前目录来生成spec文件
-p DIR、--path=DIR	设置Python导入模块的路径(和设置PYTHONPATH环境变量的作用相似)。也可使用路径分隔符(Windows使用分号，Linux使用冒号)来分隔多条路径
-n NAME、--name=NAME	指定项目(产生的spec)的名称。如果不设置的话，那么第一个脚本的主文件名将作为spec的名称

7.4.4 jieba库

jieba库是一款优秀的Python第三方中文分词函数库，具有分词、添加用户词典、提取关键词和词性标注等功能。

对于一段英文文本，如果希望提取其中的单词，那么只需要使用字符串处理方法split()即可实现。更进一步，借助字典数据类型，可以完成词频的统计，详见例5-6。

然而，对于一段中文文本，想要提取其中的中文单词却是十分困难的事情，因为中文单词之间缺少分隔符，这也是中文及类似语言独有的“分词”问题。

jieba库是Python中用来实现中文分词的第三方库。在Windows操作系统中，在联网状态下，可在命令行界面中输入pip install jieba来安装jieba库，安装完毕后会提示是否安装成功。

jieba库支持3种分词模式：精确模式、全模式和搜索引擎模式。

- 精确模式：试图对语句做最精确的切分，不存在冗余数据，适合做文本分析。
- 全模式：将语句中所有可能是词的词语都切分出来，速度很快，但是存在冗余数据，不能解决歧义问题。
- 搜索引擎模式：在精确模式的基础上，对长词再次进行切分，提高召回率，适合用于搜索引擎分词。

jieba库的常用方法及功能描述如表7-8所示。

表 7-8 jieba 库的常用方法及功能描述

方 法	功能描述
jieba.lcut(s)	精确模式，返回一个列表
jieba.lcut(s,cut_all=True)	全模式，返回一个列表
jieba.lcut_for_search(s)	搜索引擎模式，返回一个列表
jieba.cut(s)	精确模式，返回一个可迭代的生成器对象(generator object)，可以使用 for 循环来获得分词后得到的每一个单词
jieba.cut(s,cut_all=True)	全模式，返回一个可迭代的生成器对象(generator object)，可以使用 for 循环来获得分词后得到的每一个单词
jieba.cut_for_search(s)	搜索引擎模式，适用于构建倒排索引的分词，粒度比较细
jieba.add_word(w)	向分词词典中增加新词 w
jieba.del_word(w)	删除分词词典中的单词 w
jieba.suggest_freq(segment, tune=False)	调节单个词语的词频，使其能(或不能)被切分

例 7-5 编写程序，演示 jieba 库的常用方法。

代码示例如下：

```
'''
例 7-5 参考代码
'''
import jieba

s1 = "中华人民共和国是一个伟大的国家"
s2 = "我爱南京市长江大桥"
s3 = "我教学生学生词"

pre_s1 = jieba.lcut(s1)                # 精确模式分词
pre_s2 = jieba.lcut(s2)                # 精确模式分词
pre_s3 = jieba.lcut(s3)                # 精确模式分词

ful_s1 = jieba.lcut(s1,cut_all=True)   # 全模式分词
ful_s2 = jieba.lcut(s2,cut_all=True)   # 全模式分词
ful_s3 = jieba.lcut(s3,cut_all=True)   # 全模式分词

print("s1 的精确模式：\n{}".format(pre_s1))
print("s2 的精确模式：\n{}".format(pre_s2))
print("s3 的精确模式：\n{}".format(pre_s3))

print("s1 的全模式：\n{}".format(ful_s1))
print("s2 的全模式：\n{}".format(ful_s2))
print("s3 的全模式：\n{}".format(ful_s3))
```

程序的运行结果如图 7-25 所示。

```
====================== RESTART: E:/Python教材/ex0705.py ======
==================
Building prefix dict from the default dictionary ...
Loading model from cache C:\Users\ADMINI~1\AppData\Local\Temp\j
ieba.cache
Loading model cost 1.000 seconds.
Prefix dict has been built succesfully.
s1的精确模式:
['中华人民共和国', '是', '一个', '伟大', '的', '国家']
s2的精确模式:
['我', '爱', '南京市', '长江大桥']
s3的精确模式:
['我教', '学生', '学生', '词']
s1的全模式:
['中华', '中华人民', '中华人民共和国', '华人', '人民', '人民共
和国', '共和', '共和国', '国是', '一个', '伟大', '的', '国家']
s2的全模式:
['我', '爱', '南京', '南京市', '京市', '市长', '长江', '长江大
桥', '大桥']
s3的全模式:
['我', '教学', '学生', '学生', '生词']
>>>
```

图 7-25　例 7-5 的运行结果

结果分析：

- jieba 库采用的分词原理是，利用中文词库 Prefix dict，将待分词的文本与预置词库进行比对，生成由文本中汉字的所有可能成词情况构成的有向无环图，采用动态规划的方法查找最大概率路径，找出基于词频的最大切分组合。
- 从图 7-26 所示的结果看，对于文本 s1 和 s2，分词的准确率还是非常高的，也没有产生歧义；但对于文本 s3，分词结果不尽如人意。
- 文本 s3 的全模式分词结果显示，预置词库中有“生词”这个词组。为此，要想使文本 s3 的精确模式中出现“生词”这个词组，使得切分更合理，就需要通过添加单词的做法，强制改变 freq 的值，确保单词能被切出，如图 7-26 所示。

```
>>> import jieba
>>> jieba.add_word("生词",freq=999999)
>>> jieba.lcut("我教学生学生词")
['我教', '学生', '学', '生词']
>>>
```

图 7-26　使用 jieba.add_word()方法添加词组

- 对于词库中没有的“生僻单词”，只需要简单地使用 jieba.add_word("生僻单词")即可实现添加“生僻单词”，并能确保在精确模式下被切出。

7.4.5　wordcloud 库

wordcloud 库是 Python 非常优秀的词云展示第三方库，以词语为基本单位，通过图形可视化的方式，更加直观和富有艺术性地展示文本。

wordcloud 库是 Python 中的第三方库，在 Windows 操作系统中，在联网状态下，可在命令行界面中输入 pip install wordcloud 来安装 wordcloud 库，安装完毕后会提示是否安装成功。

wordcloud 库把词云当作 WordCloud 对象，wordcloud.WordCloud()代表文本对应的词云。可以根据文本中词语出现的频率等参数绘制词云，词语间默认以空格隔开，词云的形状、尺寸和颜色等可根据需要和个人喜好进行设定。

词云对象 w = wordcloud.WordCloud()的常规方法如表 7-9 所示。

表 7-9　词云对象 w=wordcloud.WordCloud()的常规方法及功能描述

方 法	功能描述
w.generate()	在 WordCloud 对象中加载文本，例如： w.generate("We should learn how to program a computer")
w.to_file(filename)	将词云输出为.png 或.jpg 格式的图像文件，例如： w.to_file("ex0706.png")

例 7-6　编写程序，生成一段英文文本的词云图。

代码示例如下：

```
'''
例 7-6 参考代码
'''
import wordcloud

txt = '''
everybody in this country should learn how to program a computer,
because it teaches you how to think.
learning to code is learning to problem solve.
breaking down big problems into small problems ,
and fixing them logically opens you up to a new way of thinking,
which can make a huge difference in what you see as limitations
to what you can achieve as instead, you have a method for overcoming them.
'''
w = wordcloud.WordCloud()           # 生成词云对象
w.generate(txt)                     # 在词云对象中加载文本
w.to_file("ex0706.png")             # 将词云输出为图像文件，保存到当前文件夹下
```

为简化起见，以上程序将文本的首字母改成了小写。生成的词云图则保存在当前文件夹下，文件名为 ex0706.png。

程序的运行结果如图 7-27 所示。

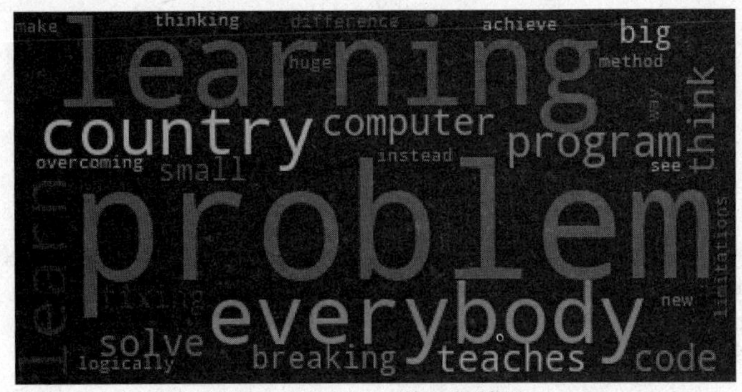

图 7-27　例 7-6 的运行结果

词云对象 w = wordcloud.WordCloud()的参数配置方法及功能描述如表 7-10 所示。

表 7-10　词云对象 w=wordcloud.WordCloud()的参数配置方法及功能描述

参　数	功能描述
width	指定词云对象生成的图片的宽度，默认为 400 像素，例如： w = wordcloud.WordCloud(width=600)
height	指定词云对象生成的图片的高度，默认为 200 像素，例如： w = wordcloud.WordCloud(height=400)
min_font_size	指定词云中字体的最小字号，默认为 4 号，例如： w = wordcloud.WordCloud(min_font_size=8)
max_font_size	指定词云中字体的最大字号，可根据高度自动调节，例如： w = wordcloud.WordCloud(max_font_size=48)
font_step	指定词云中字体字号的步进间隔，默认为 1，例如： w = wordcloud.WordCloud(font_step=2)
font_path	指定文本文件的路径，默认为 None，例如： w = wordcloud.WordCloud(font_path= r"C:\Windows\Fonts\simhei.ttf")
max_words	指定词云显示的最大单词数量，默认为 200，例如， w = wordcloud.WordCloud(max_words=100)
mask	指定词云的形状，默认为长方形，例如：
background_color	指定词云图片的背景颜色，默认为黑色，例如： w = wordcloud.WordCloud(background_color="white")
stop_words	指定词云的排除词列表，即不显示的单词列表，例如： w = wordcloud.WordCloud(stop_words="abc")

例 7-7　假设当前文件夹下的“若干重大问题的决定.txt”文本文件中保存了中国共产党第十九届中央委员会第四次全体会议通过的《中共中央关于坚持和完善中国特色社会主义制度 推进国家治理体系和治理能力现代化若干重大问题的决定》，编写程序，对文本进行分析并生成

词云图。

代码示例如下：

```
'''
例 7-7 参考代码
'''
import jieba
import matplotlib.pyplot as plt
import wordcloud

text = ""
with open('若干重大问题的决定.txt','r') as f:       # 打开要加载的文章
    for line in f.readlines():
        line = line.strip("\n")                      # 去掉换行符
        text += " ".join(jieba.cut(line))            # 中文分词，词语间以空格隔开

w = wordcloud.WordCloud(
    background_color = "white" ,                     # 设置背景颜色
    font_path=r"C:\Windows\Fonts\simhei.ttf",   # 设置中文字体为黑体
    width = 600,
    height = 400)

w.generate(text)                                     # 在词云对象中加载文本
w.to_file("ex0707.png")                              # 保存词云图

plt.imshow(w)                                        # 绘制词云图
plt.axis("off")                                      # 关闭坐标轴
plt.show()                                           # 显示词云图
```

程序的运行结果如图 7-28 所示。

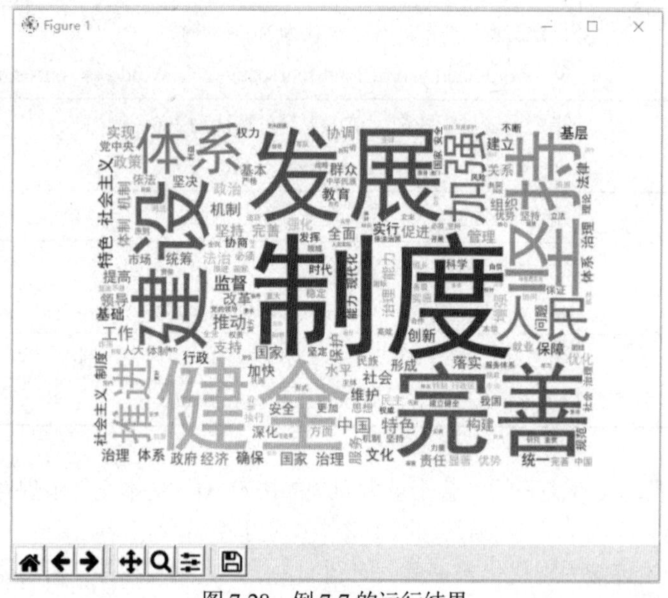

图 7-28　例 7-7 的运行结果

7.5 应用问题选讲

例 7-8 编写程序，统计习近平总书记“在庆祝中华人民共和国成立70周年大会上的讲话”中的高频词。

代码示例如下：

```
'''
例 7-8 参考代码
'''
import jieba

text = '''
        全国同胞们，同志们，朋友们：
        今天，我们隆重集会，庆祝中华人民共和国成立70周年。此时此刻，全国各族人民、海内外中华儿女，都怀着无比喜悦的心情，都为我们伟大的祖国感到自豪，都为我们伟大的祖国衷心祝福。
        ##################此处省略若干字################
        中国的昨天已经写在人类的史册上，中国的今天正在亿万人民手中创造，中国的明天必将更加美好。全党全军全国各族人民要更加紧密地团结起来，不忘初心，牢记使命，继续把我们的人民共和国巩固好、发展好，继续为实现“两个一百年”奋斗目标、实现中华民族伟大复兴的中国梦而努力奋斗！
        伟大的中华人民共和国万岁！
        伟大的中国共产党万岁！
        伟大的中国人民万岁！
'''
words = jieba.lcut(text)

# 构建词频字典：将词作为“键”，将词出现的次数作为“值”
word_freq = {}
for word in words:
    if len(word) == 1:                  # 排除标点符号以及“的、地、得、了”等词
        continue
    else:
        word_freq[word] = word_freq.get(word,0) + 1        # 建立“键:值”对

items = list(word_freq.items())
items.sort(key=lambda x: x[1],reverse=True)                # 排序

max_number = eval(input("显示前多少位高频词？"))
for i in range(max_number):
    word,freq = items[i]
    print("{}:{}".format(word,freq))
```

程序的运行结果如图 7-29 所示。

```
======================== RESTART: E:\Python教材\ex0708.py
========================
Building prefix dict from the default dictionary ...
Loading model from cache C:\Users\ADMINI~1\AppData\Local\
Temp\jieba.cache
Loading model cost 1.141 seconds.
Prefix dict has been built successfully.
显示前多少位高频词？15
中国:11
我们:8
伟大:8
人民:8
全国:5
发展:5
世界:5
坚持:5
中华人民共和国:4
70:4
同志:4
朋友:4
今天:4
各族人民:4
实现:4
>>>
```

图 7-29 例 7-8 的运行结果

例 7-9 编写程序，随机生成一个 6 位的验证码，验证码由数字和大小写字母组成。

代码示例如下：

```
'''
例 7-9 参考代码
'''
import random

# ch 是由数字和大小写字母组成的字符串，为了避免歧义，去掉了字母 o、l 和 O
ch = '0123456789abcdefghijkmnpqrstuvwxyzABCDEFGHIJKLMNPQRSTUVWXYZ'

code_list = random.sample(ch,6)        # 从 ch 中不重复地随机选取 6 个元素
code = ''.join(code_list)              # 将列表中的元素合并为字符串 code

print("生成的 6 位验证码是：",code)
```

程序的运行结果如图 7-30 所示。

```
======================== RESTART: E:\Python
==
生成的6位验证码是：  QJgdtL
>>>
======================== RESTART: E:\Python
==
生成的6位验证码是：  gN9uen
>>>
======================== RESTART: E:\Python
==
生成的6位验证码是：  Sh5it7
>>>
```

图 7-30 例 7-9 的运行结果

例 7-10　编写程序，绘制太极图。

代码示例如下：

```
'''
例 7-10 参考代码
'''
import turtle as t
#调整绘图时的起始位置
t.penup()
t.goto(0,-50)
t.pendown()
#开始绘制黑色半圆部分
t.begin_fill()
t.fillcolor("black")
t.circle(150,extent=180)
t.circle(75,extent=180)
t.circle(-75,extent=180)
t.end_fill()
t.circle(-150,extent=180)            #绘制白色半圆部分
#绘制白色小圆
t.penup()
t.goto(0,160)
t.pendown()
t.begin_fill()
t.fillcolor("white")
t.circle(30,extent=360)
t.end_fill()
#绘制黑色小圆
t.penup()
t.goto(0,0)
t.pendown()
t.begin_fill()
t.fillcolor("black")
t.circle(30,extent=360)
t.end_fill()
t.hideturtle()                        #隐藏画笔形状
t.done()
```

程序的运行结果如图 7-31 所示。

图 7-31　例 7-10 的运行结果

7.6 习　题

一、选择题

1．time 库中的 time.time()函数的作用是(　　)。

A．返回系统当前的时间戳。

B．返回系统当前时间戳对应的字符串表示形式。

C．返回系统当前时间戳对应的 struct_time 对象。

D 返回系统当前时间戳对应的本地时间的 struct_time 对象。

2．random 库中的 random.sample(pop, *k*)函数的作用是(　　)。

A．生成一个随机整数。

B．从 pop 类型中随机选取 *k* - 1 个元素，以列表类型返回。

C．从 pop 类型中随机选取 *k* 个元素，以列表类型返回。

D．随机返回一个元素。

3．关于 jieba 库中的 jieba.lcut(x)函数，以下选项中描述正确的是(　　)。

A．全模式，返回中文文本 x 分词后的列表变量。

B．搜索引擎模式，返回中文文本 x 分词后的列表变量。

C．精确模式，返回中文文本 x 分词后的列表变量。

D．在分词词典中增加新词 x。

4．安装库时的命令格式是(　　)。

A．pip uninstall <库名>　　　　B．pip download <库名>

C．pip install <库名>　　　　D．pip -h

5．能够生成取值区间为[0.0, 1.0]的随机小数的函数是(　　)。

A) random.randint(0.0, 1.0)　　　　B．random.seed(0.0, 1.0)

C) random.uniform(0.0, 1.0)　　　　D．random.random()

6．能够生成取值区间为[10,99]的随机整数的函数是(　　)。

A) random.uniform(10,99)　　　　B．random.randint(10, 99)

C) random.randrange(10, 99,2)　　　　D．random.random()

二、填空题

1．
```
# 以 0 为随机数种子，随机生成 5 个处于 1(含)和 97(含)之间的随机数。
# 计算这 5 个随机数的平方和并输出。
# 请在下画线处使用一行代码或表达式替换下画线。
# 注意，请不要修改其他代码。

import random

______
s = 0
for i in range(5):
```

```
    n = random.randint(______)  # 产生随机数
    s =______
print(s)
```

2. # 使用 turtle 库中的 fd()函数和 right()函数绘制一个边长为 200、红底黑边的五角星。
请在下画线处使用一行代码或表达式替换下画线。
注意，请不要修改其他代码。

```
import ______
turtle.color('black','red')
turtle.______
for i in range(______):
    turtle.fd(______)
    turtle.right(144)
turtle.end_fill()。
```

三、编程题

1. 下载《三国演义》小说，保存在当前文件夹下，文件名设为“三国演义.txt”，统计主要人物的出场次数。

2. 下载十三届全国人大三次会议“政府工作报告”，对文本进行分析，生成词云图。

3. 使用 turtle 库绘制五星红旗。中华人民共和国国旗为五星红旗，长方形，红色象征革命，长与高的比例为 3:2，旗面左上方缀五颗黄色五角星，象征中国共产党领导下的革命大团结，星用黄色，象征红色大地上呈现光明。一星较大，其外接圆直径为旗高 3/10，居左；四星较小，其外接圆直径为旗高 1/10，环拱于大星右侧，并各有一个尖角正对大星的中心点，表达亿万人民心向伟大的中国共产党，似众星拱北辰。旗杆套为白色，以与旗面的红色相区别。

第8章
图形用户界面设计

在图形用户界面(Graphical User Interface，GUI)上，用户可以看到窗口、按钮、文本框等图形，还可以单击鼠标，通过键盘进行输入，以及实时查看程序的运行结果。图形用户界面使得用户和程序能够方便地进行交互。本章介绍如何设计友好的图形用户界面应用程序。

8.1 图形用户界面概述

8.1.1 图形用户界面概念的引入

到目前为止，我们设计的应用程序都是命令行程序或文本模式的程序，只能输出字符串和数值。例如，在例 5-7 所示的社会主义核心价值观知识问答程序中，程序的运行结果如图 8-1 所示。显然，用户与程序之间的交互并不十分理想。

```
======================== RESTART: E:\Python教材\ex0507.py
========================
知识问答程序已启动，输入'q'退出程序！
========================================

请输入一项核心价值观的内容：富强
你答对了！请继续。
你已经回答了以下内容： {'富强'}

请输入一项核心价值观的内容：民族
对不起，回答错误。请继续。

请输入一项核心价值观的内容：民主
你答对了！请继续。
你已经回答了以下内容： {'民主', '富强'}

请输入一项核心价值观的内容：爱国
你答对了！请继续。
你已经回答了以下内容： {'民主', '富强', '爱国'}

请输入一项核心价值观的内容：q
你已退出知识问答程序，本次答题情况如下：
你一共回答了4次
答对了以下内容： {'民主', '富强', '爱国'}
>>>
```

图 8-1　命令行程序的运行结果

GUI 是与程序交互的另一种不同的方式。GUI 程序仍然有三个基本要素：输入、处理和输出。

其实，我们一直都在使用GUI。例如，Web浏览器是GUI，我们经常使用的Microsoft Word、Microsoft PowerPoint、Microsoft Excel是GUI，我们现在学习Python语言时使用的IDLE也是GUI。

图8-2展示了加入腾讯会议后的图形用户界面，这里有标签控件、输入控件、复选框控件、按钮控件等图形用户界面常用控件。

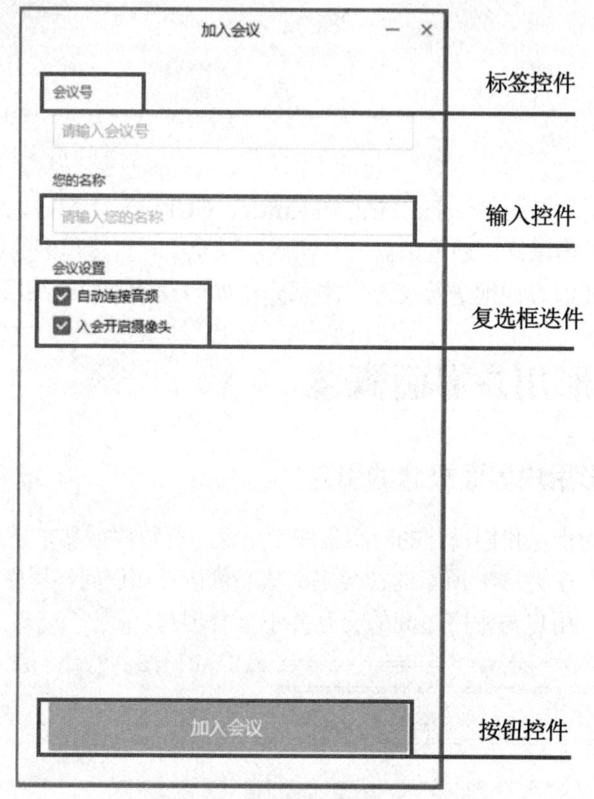

图8-2　加入腾讯会议后的图形用户界面

8.1.2　常用的设计图形用户界面的模块

Python提供了多个用于设计图形用户界面的模块，比较常用的几个模块如下。

(1) tkinter：tkinter模块是Python的标准Tk GUI工具包的接口，可在大多数的UNIX平台上使用，也可应用于Windows和Macintosh系统。

(2) wxPython：wxPython是一款开源软件，是Python提供的一套优秀的GUI图形库，具有跨平台特性，能方便Python程序员创建完整的、功能齐全的图形用户界面。

(3) PyGTK：PyGTK通过使用GTK平台，让你能够使用Python轻松创建具有图形用户界面的程序，具有跨平台性。

(4) PyQt：PyQt是Qt库的Python版本，分为GPL版和商业版，具有跨平台特性。

(5) Jython：Jython可以和Java无缝集成。除了一些标准模块，Jython都使用Java中的模块，可以被动态或静态地编译成Java字节码。

本章以tkinter模块为例，介绍图形用户界面的设计方法。

8.1.3　tkinter 模块

tkinter 模块是 Python 系统自带的标准 GUI 库，具有一些常用的图形组件，安装 Python 后就能直接导入 tkinter 模块。在 Python 中导入 tkinter 模块的方法如下：

```
import tkinter                    # 或
import tkinter as tk              # 或
fron tkinter import *
```

图 8-3 展示了 tkinter 模块中的组件、方法和属性。

```
>>> import tkinter
>>> dir(tkinter)
['ACTIVE', 'ALL', 'ANCHOR', 'ARC', 'BASELINE', 'BEVEL', 'BOTH', 'BOTTO
M', 'BROWSE', 'BUTT', 'BaseWidget', 'BitmapImage', 'BooleanVar', 'Butt
on', 'CASCADE', 'CENTER', 'CHAR', 'CHECKBUTTON', 'CHORD', 'COMMAND', '
CURRENT', 'CallWrapper', 'Canvas', 'Checkbutton', 'DISABLED', 'DOTBOX'
, 'DoubleVar', 'E', 'END', 'EW', 'EXCEPTION', 'EXTENDED', 'Entry', 'Ev
ent', 'EventType', 'FALSE', 'FIRST', 'FLAT', 'Frame', 'GROOVE', 'Grid'
, 'HIDDEN', 'HORIZONTAL', 'INSERT', 'INSIDE', 'Image', 'IntVar', 'LAST
', 'LEFT', 'Label', 'LabelFrame', 'Listbox', 'MITER', 'MOVETO', 'MULTI
PLE', 'Menu', 'Menubutton', 'Message', 'Misc', 'N', 'NE', 'NO', 'NONE'
, 'NORMAL', 'NS', 'NSEW', 'NUMERIC', 'NW', 'NoDefaultRoot', 'OFF', 'ON
', 'OUTSIDE', 'OptionMenu', 'PAGES', 'PIESLICE', 'PROJECTING', 'Pack',
'PanedWindow', 'PhotoImage', 'Place', 'RADIOBUTTON', 'RAISED', 'READAB
LE', 'RIDGE', 'RIGHT', 'ROUND', 'Radiobutton', 'S', 'SCROLL', 'SE', 'S
EL', 'SEL_FIRST', 'SEL_LAST', 'SEPARATOR', 'SINGLE', 'SOLID', 'SUNKEN'
, 'SW', 'Scale', 'Scrollbar', 'Spinbox', 'StringVar', 'TOP', 'TRUE',
'Tcl', 'TclError', 'TclVersion', 'Text', 'Tk', 'TkVersion', 'Toplevel',
'UNDERLINE', 'UNITS', 'VERTICAL', 'Variable', 'W', 'WORD', 'WRITABLE',
'Widget', 'Wm', 'X', 'XView', 'Y', 'YES', 'YView', '__builtins__', '__
cached__', '__doc__', '__file__', '__loader__', '__name__', '__package
__', '__path__', '__spec__', '_cnfmerge', '_default_root', '_exit', '_
flatten', '_join', '_magic_re', '_setit', '_space_re', '_splitdict',
'_stringify', '_support_default_root', '_test', '_tkerror', '_tkinter',
'_varnum', 'constants', 'enum', 'getboolean', 'getdouble', 'getint',
'image_names', 'image_types', 'mainloop', 're', 'sys', 'wantobjects']
>>>
```

图 8-3　tkinter 模块中的组件、方法和属性

tkinter 模块提供了很多组件，例如标签、按钮、文本框等，它们通常被称为控件或部件。tkinter 模块中的组件及功能描述如表 8-1 所示。

表 8-1　tkinter 模块中的组件及功能描述

组　件	功能描述
Button	按钮控件，用于在程序中显示按钮，单击后将触发事件
Canvas	画布控件，用于显示图形元素，如线条或文本
Checkbutton	复选框控件，用于在程序中提供多项选择
Entry	输入控件，用于接收单行文本输入，从而显示简单的文本内容
Frame	框架控件，用于在屏幕上显示一块矩形区域，从而对控件进行分组
Label	标签控件，用于显示单行文本，也可以显示位图
Listbox	列表框控件，用于显示一个字符串列表

(续表)

组 件	功能描述
Menubutton	菜单按钮控件，用于显示菜单项
Menu	菜单控件，用于创建菜单以及显示菜单栏、下拉菜单和弹出菜单等
Message	消息控件，用于显示多行文本，与 Label 控件类似
Radiobutton	单选按钮控件，用于从互斥的多个选项中做单项选择
Scale	范围控件，用于显示数值刻度，拖动光标可改变数值，形成可视化交互效果
Scrollbar	滚动条控件，默认为垂直方向，拖动光标可改变数值，经常与 Text、Listbox、Canvas 等控件配合使用以移动可视化空间
Text	文本控件，用于接收或输出显示多行文本
Toplevel	容器控件，用于在顶层创建新的窗体，和 Frame 控件类似
Spinbox	输入控件，与 Entry 控件类似，但是可以指定输入范围
PanedWindow	一种窗口布局管理控件，可以包含一个或多个子控件
LabelFrame	一种简单的容器控件，常用于复杂的窗口布局
tkMessageBox	用于显示应用程序的消息框

使用 tkinter 模块进行图形用户界面编程的基本步骤如下：

(1) 导入 tkinter 模块。

(2) 创建顶层容器对象——GUI 根窗体。

(3) 在 GUI 根窗体中添加人机交互控件，并编写相应的事件处理程序

(4) 调用 pack()、grid()或 place()方法，对容器的区域进行布局。

(5) 在主事件循环中等待用户触发事件并进行响应。

例 8-1 创建一个简单的 GUI 程序。

代码示例如下：

```
'''
例 8-1 参考代码
'''
import tkinter as tk                # 导入 tkinter 模块

win = tk.Tk()                       # 创建 Windows 窗体对象
win.geometry('400x200+500+300')                 # 初始化窗体的大小和位置
win.title("一个简单的图形用户界面")             # 设置窗体标题
lab = tk.Label(win,text='我是一个标签')         # 创建一个标签
lab.pack()                          # 将组件添加到窗体中并显示
bn = tk.Button(win,text='我是一个按钮')         # 创建一个按钮
bn.pack()                           # 将组件添加到窗体中并显示
entry = tk.Entry(win)               # 创建一个单行文本输入框
entry.pack()                        # 将组件添加到窗体中并显示
win.mainloop()                      # 进入消息循环，用于显示窗体
```

程序的运行结果如图 8-4 所示。

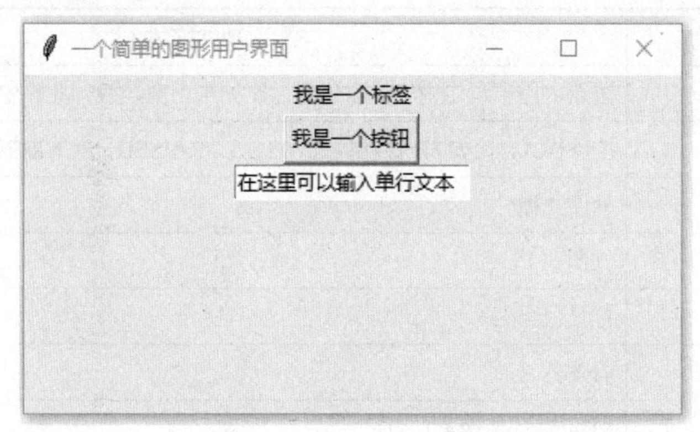

图 8-4　例 8-1 的运行结果

说明：

- Tk()方法用于创建一个普通的窗体作为 GUI 根窗体，然后在 GUI 根窗体的基础上创建其他需要的组件。
- geometry()方法用于设置窗体的初始大小和位置，如图 8-5 所示。

```
>>> help(win.geometry)
Help on method wm_geometry in module tkinter:

wm_geometry(newGeometry=None) method of tkinter.Tk instance
    Set geometry to NEWGEOMETRY of the form =widthxheight+x+y. Return
    current value if None is given.

>>>
```

图 8-5　查看 geometry()方法的帮助文件

- 在 GUI 根窗体中创建标签、按钮等组件，并调用几何布局管理器的 pack()方法以显示这些组件。
- mainloop()函数用来显示窗体，可以理解为整个程序的主循环。程序在不断地刷新，等待用户消息事件的发生，然后刷新窗口，并始终显示窗口的最新状态。程序将会一直处于运行状态，直到关闭窗口为止。

8.1.4　tkinter 组件常用的标准属性

组件的标准属性也就是所有组件共有的属性，通常包括尺寸、颜色、字体、相对位置、浮雕样式、图标样式和悬停光标形状等。不同的组件由于形状和功能不同，又有一些独有的特殊属性。tkinter 组件常用的标准属性及功能描述如表 8-2 所示。

表 8-2　tkinter 组件常用的标准属性及功能描述

标注属性	功能描述
dimension	控件大小
color	控件颜色
font	控件字体

(续表)

标注属性	功能描述
anchor	锚点，用于设定内容停靠位置，比如东、南、西、北、中及四个角，默认为中
relief	控件样式，比如3D浮雕样式、FLAT、RAISED、SUNKEN、GROOVE、RIDGE
cursor	悬停光标
bitmap	位图
bg	背景色
fg	前景色
bd	加粗(默认2像素)
width	宽(文本控件的单位为英文字符，不是像素)
height	高(文本控件的单位为行，不是像素)
padx	水平扩展像素
pady	垂直扩展像素
image	显示图像
text	显示文本内容
state	用于设定控件的状态，比如正常、激活、禁用

例 8-2 演示标签及常用属性的用法。

代码示例如下：

```
'''
例 8-2 参考代码
'''
from tkinter import *

win = Tk()
win.geometry('500x200+300+300')
win.title("标签及常用属性示例")

lb = Label(win,text = '我是第一个标签',
           bg = 'green',
           fg = 'red',
           font = ('华文新魏',28),
           width = 20,
           height = 2,
           relief = RIDGE)
lb.pack()

win.mainloop()
```

程序的运行结果如图8-6所示。

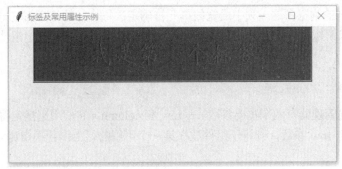

图 8-6　例 8-2 的运行结果

8.1.5　tkinter 组件的几何布局管理器

当图形用户界面中的组件比较多时，为了设计出实用、漂亮的界面，就需要对这些组件进行布局。tkinter 模块提供了三种几何布局管理器，分别是 pack 几何布局管理器、grid 几何布局管理器和 place 几何布局管理器。

1. pack 几何布局管理器

pack 几何布局管理器采用块的方式组织组件，适合在父容器组件的垂直方向上进行布局，系统将根据组件的创建顺序将它们放在父容器中，参数较少，使用简单方便。通过调用组件的 pack()方法，即可指定组件在其父容器中采用 pack 布局：

```
pack(option=value,…)
```

若不指定 pack()方法的参数，系统将按从上到下的顺序放置组件。pack()方法提供了如表 8-3 所示的参数选项。

表 8-3　pack()方法提供的参数选项及功能描述

参数选项	功能描述
side	设置停靠在父组件的哪一边，比如"top" (默认)、"bottom"、"left"、"right"
anchor	设置对齐方式，比如左对齐"w"、右对齐"e"、顶对齐"n"、底对齐"s"，默认为中间对齐"center"
fill	设置在哪个方向上进行填充，可取值有"x"、"y"、"both"、"none"
ipadx、ipady	设置组件内部在 x、y 方向上填充的空间大小，默认单位为像素，可选单位有 c(厘米)、m(毫米)、i(英寸)、p(打印术语中的点，即 1/27 英寸)，用法为：在值的后面添加后缀
padx、pady	设置组件外部在 x、y 方向上填充的空间大小，默认单位为像素，可选单位有 c(厘米)、m(毫米)、i(英寸)、p(打印术语中的点，即 1/27 英寸)，用法为：在值的后面添加后缀
expand	值为 1 或 0。当值为 1 时，side 选项无效。组件显示在父组件的中心位置。若 fill 参数选项为"both"，则填充父组件的剩余空间

2. grid 几何布局管理器

grid 几何布局管理器采用表格结构组织组件。grid 布局采用行列确定位置，行列的交汇处为单元格；每一列的列宽由这一列中最宽的单元格确定；每一行的行高由这一行中最高的单元格决定。组件可以跨越多行或多列。通过调用组件的 grid()方法，即可指定组件在其父容器中采用 grid 布局：

```
grid(option=value,…)
```

grid 几何布局管理器有两个重要参数——row 和 column，它们用来指定将子组件放置在什么位置。若不指定 row 参数，则将子组件放在第一个可用的行上；若不指定 column 参数，则使用首列。

grid()方法提供了如表 8-4 所示的参数选项。

表 8-4　grid()方法提供的参数选项及功能描述

参数选项	功能描述
row	组件所在单元格的行号，为自然数(起始默认值为 0，而后累加)
column	组件所在单元格的列号，为自然数(起始默认值为 0，而后累加)
rowspan	从组件所在单元格算起在行方向上的跨度，为自然数
columnspan	从组件所在单元格算起在列方向上的跨度，为自然数
ipadx、ipady	设置组件内部在 x、y 方向上填充的空间大小，默认单位为像素，可选单位有 c(厘米)、m(毫米)、i(英寸)、p(打印术语中的点，即 1/27 英寸)，用法为：在值的后面添加后缀
padx、pady	设置组件外部在 x、y 方向上填充的空间大小，默认单位为像素，可选单位有 c(厘米)、m(毫米)、i(英寸)、p(打印术语中的点，即 1/27 英寸)，用法为：在值的后面添加后缀
sticky	设置组件紧靠所在单元格的某一边角，对应于东、南、西、北、中及 4 个角，可取值为"n"、"s"、"w"、"e"、"nw"、"sw"、"se"、"ne"、"center"(默认值)

3. place 几何布局管理器

place 几何布局管理器允许指定组件的大小与位置。通过调用组件的 place()方法，即可指定组件在其父容器中采用 place 布局：

```
place(option=value,…)
```

place()方法提供了如表 8-5 所示的参数选项。

表 8-5　place()方法提供的参数选项及功能描述

参数选项	功能描述
x、y	设置将组件放到指定位置的绝对坐标，取值为从 0 开始的整数
relx、rely	设置组件左上角在父组件中的相对位置比例，取值范围为 0~1.0
neight、width	设置高度和宽度，单位为像素
anchor	设置对齐方式，可取值有"n"、"s"、"w"、"e"、"nw"、"sw"、"se"、"ne"、"center" (默认值)

8.2 tkinter 的常用组件

8.2.1 标签组件 Label

Label 是创建标签的组件，主要用于在窗口中显示不可修改的文本、图片或图文混排的内容。Label 组件的常用属性如表 8-6 所示。

表 8-6　Label 组件的常用属性及功能描述

属性	功能描述
text	设置标签上显示的文本
width、height	指定标签的宽度和高度
bg、fg	指定标签的背景色和前景色
compound	指定文本和图像在标签上的显示方式，默认为 none。当指定 image/bitmap 时，文本将被覆盖，只显示图像
justify	设置文本的对齐方式，可取值有 LEFT、RIGHT、CENTER
image、bm	显示自定义的图片
anchor	设置对齐方式，可取值有"n"、"s"、"w"、"e"、"nw"、"sw"、"se"、"ne"、"center"(默认值)

在已创建的窗口中创建组件时，需要调用组件的构造函数。标签组件的构造函数是 Label()，创建格式如下：

```
Label 对象 =Label(窗口对象, Label 属性)
```

Label()函数的第一个参数是窗口对象的名称，用于指定要在哪个窗口中创建组件，后面的一系列参数是所要创建的组件的属性，可以根据需要进行设置，参见例 8-2。后面将要介绍的其他组件的创建方法与创建标签组件的方法类似。

8.2.2 按钮组件 Button

Button 是创建按钮的组件，通常用于响应用户的单击操作并执行指定的任务。具体做法是，通过 command 属性，将 Python 函数或方法关联到按钮上，当单击按钮时，自动调用关联的函数或方法，完成指定的任务。Button 组件的常用属性如表 8-7 所示。

表 8-7　Button 组件的常用属性及功能描述

属性	功能描述
text	设置按钮上显示的文本
width、height	指定按钮的宽度和高度，用英文字符的个数和文本的行数表示
bg、fg	指定按钮的背景色和前景色

(续表)

属性	功能描述
command	指定单击按钮时调用的事件处理函数
state	设置按钮状态，可取值有 NORMAL、ACTIVE、DISABLED，默认为 NORMAL
relief	设置边框样式，从而实现控件的 3D 效果，可取值有 FLAT、SUNKEN、RAISED、GROOVE、RIDGE，默认为 FLAT
anchor	设置对齐方式，可取值有"n"、"s"、"w"、"e"、"nw"、"sw"、"se"、"ne"、"center" (默认值)

按钮组件的构造函数是 Button()，创建格式如下：

```
Button 对象 = Button(窗口对象, Button 属性)
```

8.2.3 文本框组件 Entry

Entry 是创建文本框的组件，主要用于输入单行内容和显示文本，让你能够方便地向程序传递用户参数。Entry 组件的常用属性和方法如表 8-8 所示。

表 8-8 Entry 组件的常用属性和方法

属性或方法	功能描述
show	用于将文本框中的内容显示为指定的字符。例如，对于密码，可设置为 show="*"
width	指定文本框的宽度
bg、fg	指定文本框的背景色和前景色
selectbackground	设置选中文字的背景颜色
selectforeground	设置选中文字的颜色
textvariable	一个用于获取组件内容的变量，是 StringVar()对象
get()	用于获取用户在文本框中输入的内容
delete(first,last=None)	用于删除从 first 开始到 last 之前的字符，要想删除全部字符，可以调用 delete(0,END)方法
insert (index, s)	用于向文本框中插入值，index 表示插入位置，s 表示插入的值
state	设置文本框的状态，可取值有 NORMAL、ACTIVE、DISABLED，默认为 NORMAL
relief	设置边框样式，从而实现控件的 3D 效果，可取值有 FLAT、SUNKEN、RAISED、GROOVE、RIDGE，默认为 FLAT

文本框组件的构造函数是 Entry()，创建格式如下：

```
Entry 对象 = Entry(窗口对象,Entry 属性)
```

Text 也是创建文本框的组件，主要用于输入多行内容和显示文本。Text 组件的常用属性和方法与 Entry 组件类似，不再赘述。

针对文本框组件 Entry 中文本的操作可以使用 StringVar()对象来完成。StringVar()是 tkinter 模块中的对象，可用于跟踪变量的变化，并把变量的最新值显示到界面上。将 Entry 组件的 textvariable 属性设置为 StringVar()，便可通过 StringVar()对象的 get()和 set()方法，读取并输出响应的内容。

例 8-3　设计一个通过用户名和密码进行登录的程序。

代码示例如下：

```
'''
例 8-3 参考代码
'''
from tkinter import *

win = Tk()
win.geometry('460x200+300+300')
win.title("登录示例")

# 创建按钮响应事件
def myclick():
    name = txt1.get()
    password = txt2.get()
    if name == "张三" and password == "zs123456":
        txt3.set("登录成功，欢迎进入本系统！")
    else:
        txt3.set("用户名或密码错误，请重新登录！")

# 创建需要的组件
lab1 = Label(win,text='请输入用户名：',font=('微软雅黑','16'))
lab2 = Label(win,text='请输入密　码：',font=('微软雅黑','16'))
txt1 = StringVar()        # 声明 StringVar()对象，对应用户名文本
txt2 = StringVar()        # 声明 StringVar()对象，对应密码文本
txt3 = StringVar()        # 声明 StringVar()对象，对应提示文本
txt3.set("请输入用户名和密码")      # 初始化文本组件
entry1 = Entry(win,textvariable=txt1,width=20,font=('宋体','16'))
entry2 = Entry(win,textvariable=txt2,width=20,show='*',font=('宋体','16'))
lab3 = Label(win,textvariable=txt3,width=28,bg='green',fg='red',
             font=('微软雅黑','16'),relief='ridge')
button = Button(win,text='提交',command=myclick,font=('楷体','16','bold'))

# 将区域划分为 3 行 3 列的网格以进行布局
lab1.grid(row=0,column=0)
lab2.grid(row=1,column=0)
entry1.grid(row=0,column=1)
entry2.grid(row=1,column=1)
lab3.grid(row=2,column=0,columnspan=2)
button.grid(row=2,column=2)

win.mainloop()
```

程序的运行结果如图 8-7 所示。

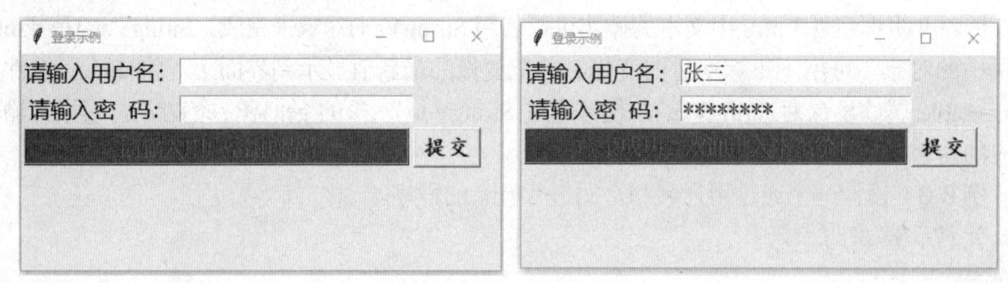

图 8-7　例 8-3 的运行结果

8.2.4　列表框组件 Listbox

Listbox 是创建列表框的组件，用于显示多个列表项，每个列表项是一个字符串。Listbox 组件的常用属性和方法如表 8-9 所示。

表 8-9　Listbox 组件的常用属性和方法

属性和方法	功能描述
listvariable	关联一个 StringVar 类型的控制变量，从而关联列表框中的全部列表项
selectmode	设置列表项的选择模式
xscrollcommand	关联一个水平滚动条
yscrollcommand	关联一个垂直滚动条
activate(index)	选中 index 对应的列表项
get(first,last=None)	获取指定范围内的列表项
delete(first,last=None)	删除从 first 开始到 last 之前的列表项，若不指定 last 参数，则只删除 first 对应的列表项
insert (index, item)	插入文本项，index 表示插入的位置，item 表示插入的列表项
size()	返回列表项的个数
curselection()	返回光标选中的列表项编号的元组，索引从 0 开始编号

列表框组件的构造函数是 Listbox()，创建格式如下：

```
Listbox 对象 =Listbox(窗口对象)
```

列表框在实质上要做的就是对 Python 中的列表数据进行可视化，在编程实践中，可直接对相关列表数据进行操作，然后通过列表框展示出来。

例 8-4　列表框应用示例。

代码示例如下：

```
'''
例 8-4 参考代码
'''
```

```
from tkinter import *

win = Tk()
win.geometry('380x240+300+300')
win.title("列表框应用示例")

def callbutton1():          # 创建选择按钮响应事件
    for i in lsbox1.curselection():
        lsbox2.insert(END,lsbox1.get(i))

def callbutton2():          # 创建退选按钮响应事件
    for i in lsbox2.curselection():
        lsbox2.delete(i)

ls = ["张三","李四","王五","赵六","钱七"]
# 创建需要的组件
lab1 = Label(win,text='学生名单：',font=('微软雅黑','16'))
lab2 = Label(win,text='选中学生：',font=('微软雅黑','16'))
lsbox1 = Listbox(win)
lsbox2 = Listbox(win)
button1 = Button(win,text='选择->',command=callbutton1,font=('楷体','16','bold'))
button2 = Button(win,text='<-退选',command=callbutton2,font=('楷体','16','bold'))

for item in ls:             # 向左侧的列表框中插入学生名单
    lsbox1.insert(END,item)

# 将区域划分为 4 行 5 列的网格以进行布局
lab1.grid(row=0,column=0,columnspan=2)
lab2.grid(row=0,column=3,columnspan=2)
lsbox1.grid(row=1,column=0,rowspan=3,columnspan=2)
lsbox2.grid(row=1,column=3,rowspan=3,columnspan=2)
button1.grid(row=2,column=2)
button2.grid(row=3,column=2)

win.mainloop()
```

程序的运行结果如图 8-8 所示：

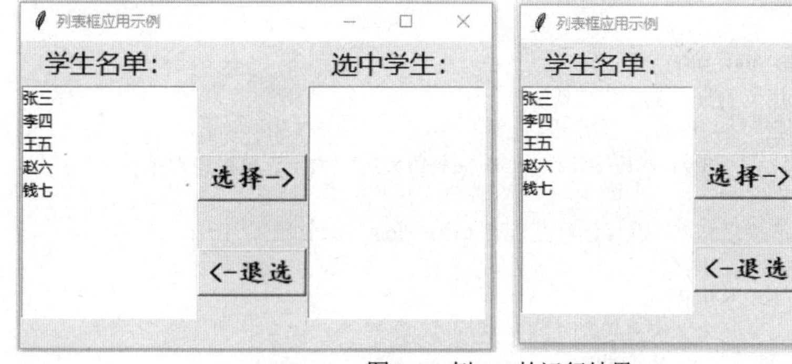

图 8-8　例 8-4 的运行结果

8.2.5 单选按钮组件 Radiobutton

Radiobutton 是创建单选按钮的组件，可用于创建单选按钮组并显示单选按钮的状态。当选中单选按钮组中的一项时，其他选项同时会被取消。Radiobutton 组件的常用属性和方法如表 8-10 所示。

表 8-10 Radiobutton 组件的常用属性和方法

属性或方法	功能描述
command	设置改变单选按钮状态时执行的函数
select()	选中选项的方法
deselect()	取消选项的方法
value	当 value 属性的值与所关联控制变量的值相等时，选项被选中。当关联的控制变量为 IntVar 类型时，单选按钮的 value 属性值应为整数；当关联的控制变量为 StringVarr 类型时，单选按钮的 value 属性值应为字符串
variable	单选按钮索引变量，可通过 variable 变量的值确定哪个单选按钮被选中，同一组单选按钮使用的是同一个单选按钮索引变量
indicator	设置单选按钮的样式

单选按钮组件的构造函数是 Radiobutton()，创建格式如下：

```
Radiobutton 对象 = Radiobutton (窗口对象, Radiobutton 组件属性)
```

当有一个由很多选项组成的选项列表供用户选择时，如果要求用户一次只能选择其中一项，不能多选，就会用到单选按钮组件了。

例 8-5 单选按钮应用示例。

代码示例如下：

```
'''
例 8-5 参考代码
'''
from tkinter import *

win = Tk()
win.geometry('380x240+300+300')
win.title("单选按钮应用示例")

course = ["C 语言程序设计","Python 程序设计","Office 高级应用","大学计算机基础"]
# 创建需要的组件
lab = Label(win,text='请按培养方案选择计算机基础课程：',font=('微软雅黑','16'))
lab.pack()

radvar = IntVar()           # 定义状态变量
for i in range(4):          # 创建单选按钮
    courserrad = Radiobutton(win,text=course[i],variable=radvar,value=i)
```

```
        courserrad.pack()

    win.mainloop()
```

程序的运行结果如图 8-9 所示。

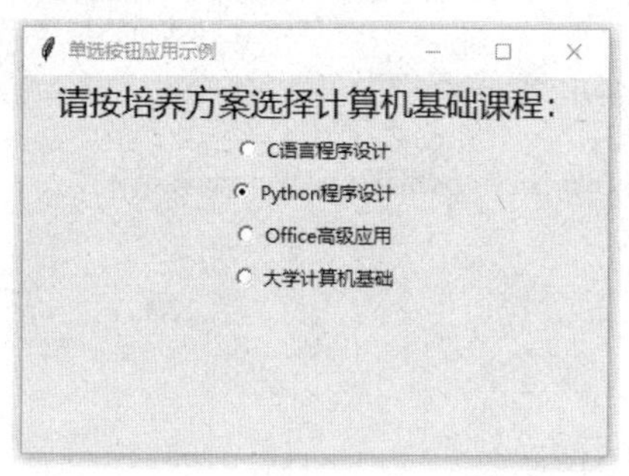

图 8-9　例 8-5 的运行结果

8.2.6　复选框组件 Checkbutton

Checkbutton 是创建复选框的组件，选中的复选框中会显示一个对号，可以再次单击以取消这个对号来取消选中复选框。Checkbutton 组件的常用属性和方法如表 8-11 所示。

表 8-11　Checkbutton 组件的常用属性和方法

属性或方法	功能描述
command	设置改变复选框状态时执行的函数
select()	选中选项的方法
deselect()	取消选项的方法
variable	复选框的关联控制变量，值为 IntVar 类型，复选框被选中时，值为 1，否则值为 0
indicator	设置复选框的样式

复选框组件的构造函数是 Checkbutton()，创建格式如下：

```
Checkbutton 对象 = Checkbutton (窗口对象, Checkbutton 组件属性)
```

当有一个由很多选项组成的选项列表供用户选择时，如果想要允许用户一次能够选择其中不止一项，就会用到复选框组件了。

例 8-6　复选框应用示例。

代码示例如下：

```
'''
例 8-6 参考代码
'''
from tkinter import *

win = Tk()
```

```
win.geometry('380x240+300+300')
win.title("复选框应用示例")

sport = ["跑步","慢走","篮球","排球","游泳"]
# 创建需要的组件
lab = Label(win,text='请选择你喜欢的健身活动：',font=('微软雅黑','16'))
lab.pack()
radvar= [IntVar() for i in range(5)]        # 定义状态变量
for i in range(5):                          # 创建复选框
    sportcheck = Checkbutton(win,text=sport[i],variable=radvar[i])
    sportcheck.pack()

win.mainloop()
```

程序的运行结果如图 8-10 所示。

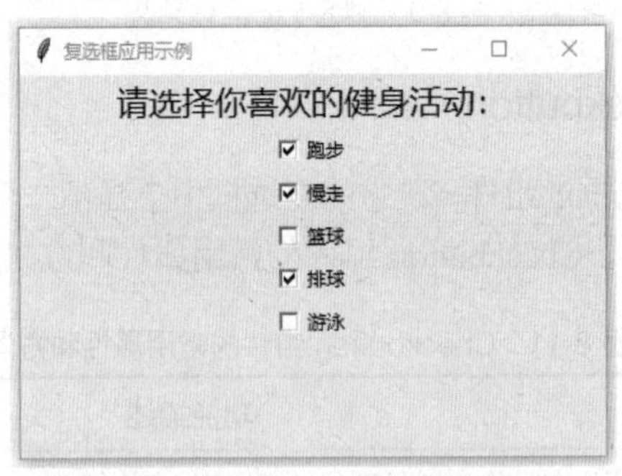

图 8-10　例 8-6 的运行结果

8.2.7　菜单组件 Menu

Menu 是创建菜单的组件，用于在窗口中显示菜单栏和下拉菜单。菜单包含各种按照主题分组的基本命令，并以图标和文字方式展示可用选项。通常，图形用户界面应用程序包含两种类型的菜单：主菜单和上下文菜单。

(1) 主菜单：提供窗体的菜单系统，通过单击可以列出下拉菜单。常见的主菜单一般包括“文件”“编辑”“视图”“帮助”等。

(2) 上下文菜单：又称快捷菜单，通常是通过右击某对象而弹出的菜单，一般为与该对象相关的常用命令，例如“复制”“剪切”“粘贴”等。

利用 Menu 组件创建和显示主菜单的通用方式为：

```
菜单对象 =Menu (窗口对象)              # 创建菜单栏
菜单分组 1 = Menu(菜单对象)            # 创建下拉菜单
# 在菜单栏中添加菜单
菜单对象.add_cascade(label="菜单分组 1 名称",menu=菜单分组 1)
# 在菜单中添加菜单项
菜单分组 1.add_command(label="命令 1 名称",command=命令 1 函数名)
```

其中，add_cascade()、add_command()和 add_separator()方法分别用于添加菜单分组、菜单命令和分隔线。

例 8-7　菜单栏和下拉菜单示例。

代码示例如下：

```
'''
例 8-7 参考代码
'''
from tkinter import *

win = Tk()
win.geometry('380x240+300+300')
win.title("菜单栏和下拉菜单示例")
mbar = Menu(win)                         # 创建菜单栏
# 创建下拉菜单并添加到菜单栏中
filemenu = Menu(mbar,tearoff=0)
mbar.add_cascade(label='文件',menu=filemenu)
filemenu.add_command(label='保存')
filemenu.add_command(label='打开')
filemenu.add_command(label='关闭')
filemenu.add_separator()                 # 添加菜单项的分隔符
filemenu.add_command(label='退出')

editmenu = Menu(mbar,tearoff=0)
mbar.add_cascade(label='编辑',menu=editmenu)
editmenu.add_command(label='复制')
editmenu.add_command(label='剪切')
editmenu.add_command(label='粘贴')

helpmenu = Menu(mbar,tearoff=0)
mbar.add_cascade(label='帮助',menu=helpmenu)
helpmenu.add_command(label='About')
helpmenu.add_separator()                 # 添加菜单项的分隔符
helpmenu.add_command(label='开始使用')

win['menu'] = mbar                       # 在窗口中显示菜单对象
win.mainloop()
```

程序的运行结果如图 8-11 所示。

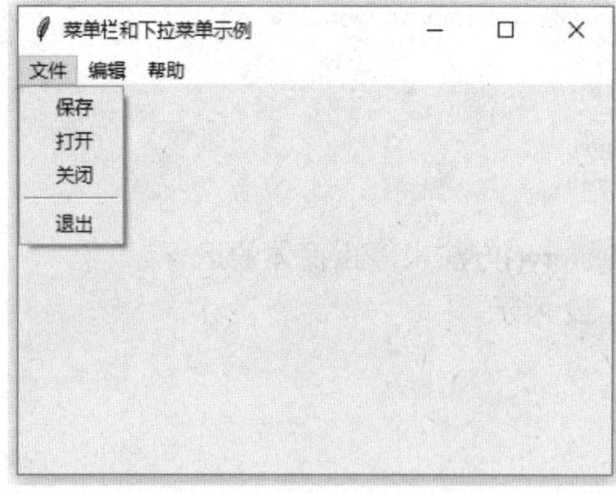

图 8-11　例 8-7 的运行结果

8.2.8 子窗体组件 Toplevel

可以利用 Toplevel 组件创建显示在最前面的子窗体，创建格式如下：

```
子窗体对象 = Toplevel (根窗体)
```

子窗体与根窗体类似，同样可以设置 title、geomerty 等属性，并在窗体上设置标签、按钮等其他控件。

例 8-8 创建子窗体示例。

代码示例如下：

```
'''
例 8-8 参考代码
'''
from tkinter import *

win = Tk()
win.geometry('380x240+300+300')
win.title("新建窗体示例")

def newwin():
    newwin = Toplevel(win)
    newwin.geometry('240x200+600+350')
    newwin.title('新窗体')
    lab = Label(newwin,text='我在新窗体上',font=('宋体',20),fg='blue')
    lab.place(relx=0.2,rely=0.2)
    buttonclose=Button(newwin,text='关闭',fg="red",command=newwin.destroy)
    buttonclose.place(relx=0.8,rely=0.8)

lab = Label(win,text='主窗体',font=('华文新魏',28,'bold'))
lab.place(relx=0.3,rely=0.3)

mbar = Menu(win)
filemenu = Menu(mbar)
mbar.add_cascade(label='菜单',menu=filemenu)
filemenu.add_command(label='新窗体',command=newwin)
filemenu.add_separator()
filemenu.add_command(label='退出',command=win.destroy)

win['menu'] = mbar
win.mainloop() win.mainloop()
```

注意：我们通常使用 destory()方法来停止窗体的运行。

程序的运行结果如图 8-12 所示。

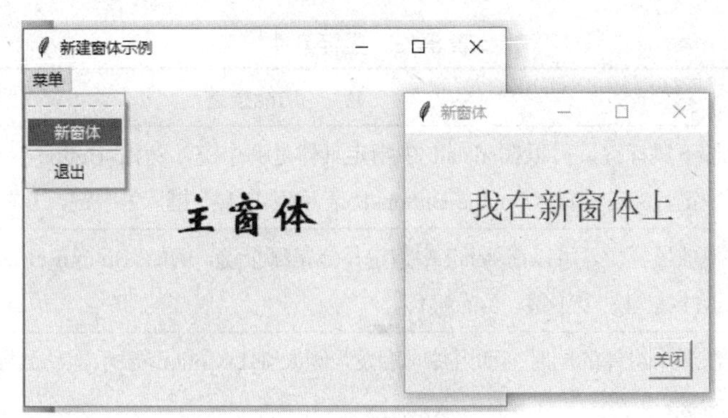

图 8-12　例 8-8 的运行结果

8.2.9　其他一些常用组件

除了以上介绍的组件之外，tkinter 还有一些常用的组件。例如：范围控件 Scale，用于显示数值刻度，以便直观地进行数值输入；滚动条控件 Scrollbar，当内容超出可视区域时使用，如用在列表框中；消息控件 Message，用于显示多行文本，与 Label 控件类似；框架控件 Frame，用于在屏幕上显示一块矩形区域，一般用作容器；消息窗口控件 Messagebox，用于弹出提示框，向用户发出警告或提示用户选择下一步如何操作等，在此不做详细介绍。

8.3　tkinter 的事件处理

8.3.1　事件类型

所谓事件(Event)，是指用户或系统触发的特定操作。例如，用鼠标单击命令按钮，敲击键盘上的某个键、移动鼠标等。在图形用户界面中，当发生事件时，经常需要让程序注意到这些事件并且做出响应，这就是事件处理。对这些事件做出响应的函数，通常称为事件处理函数。

在 tkinter 中，事件的描述格式为：

```
< [modifier-]…type[-detail] >
```

事件类型必须放在尖括号<>内。modifier 是事件修饰符，用于组合键的定义，如 Alt、Shit 组合键和 Double 事件；type 描述了类型，如按键(Key)、鼠标(Button/Motion/Enter/Leave/Relase)、配置(Configure)等；detail 用于描述事件细节，如鼠标左键(1)、鼠标中键(2)、鼠标右键(3)等。

Python 中的事件主要有键盘事件(见表 8-12)、鼠标事件(见表 8-13)和窗体事件(见表 8-14)。

表 8-12　键盘事件

事件名称	功能描述
KeyPress	按下键盘上的某个键时触发，具体是哪个键，可以在 detail 中指定，例如<key-a>、<Key-A>、<Return>、<Space>、<Control-k>等
KeyRelease	释放键盘上的某个键时触发，可以在 detail 中指定具体是哪个键

表 8-13　鼠标事件

事件名称	功能描述
Button/ButtonPress	按下鼠标键，可以在 detail 中指定具体是哪个键，例如<Button-1>表示单击(1-左键，2-中键，3-右键)、<Double-Button-1>表示双击(1-左键，2-中键，3-右键)
ButtonRelease	释放鼠标键，可以在 detail 中指定具体是哪个键，例如<ButtonRelease-1>表示按下之后释放(1-左键，2-中键，3-右键)
Motion	在选中组件的同时拖动组件时触发，例如<B1-Motion>表示拖动鼠标(1-左键，2-中键，3-右键)
Enter	当光标移进某个组件时触发，这里的 Enter 是指光标进入控件范围(widget)而不是键盘按键
Leave	当光标移出某个组件时触发，此时光标将离开控件范围(widget)
MouseWheel	滚动鼠标滚轮时触发

表 8-14　窗体事件

事件名称	功能描述
Visibility	当组件变为可视状态时触发
Map	当组件由隐藏状态变为显示状态触发
Unmap	当组件由显示状态变为隐藏状态时触发
FocusIn	当组件获得焦点时触发
FocusOut	当组件失去焦点时触发
Activate	当组件从不可用变为可用时触发
Deactivate	当组件从可用变为不可用时触发
Expose	当组件从被遮挡状态变为暴露状态时触发
Destroy	当组件被销毁时触发
Property	当组件属性发生改变时触发
Configure	当 widget 的大小发生改变时触发

事件处理通常使用组件的 command 参数或 bind()方法来实现。

8.3.2　使用 command 参数实现事件处理

通过对例 8-3、例 8-4 和例 8-8 的学习，我们知道，单击按钮或菜单项，将会触发组件或相关方法的 command 参数指定的函数，调用后便可完成相应的任务。

由 command 参数指定的函数又称为回调函数。很多组件，如 Button、Radiobutton、Checkbutton、Listbox 等，都支持使用 command 参数进行事件处理。

8.3.3　使用 bind()方法实现事件处理

在实现事件处理时，我们经常使用组件对象的实例方法 bind()，作为指定组件实例的绑定处理函数。调用 bind()方法的语法格式如下：

```
组件对象实例名.bind("<事件类型>",事件处理函数)
```

如果要为标签控件实例 label 绑定鼠标右击事件，可调用事件处理函数 myfunc()：

```
label.bind("<Button-3>",myfunc)
```

8.4　应用问题选讲

例 8-9　利用 tkinter，将例 5-7 中的社会主义核心价值观知识问答程序，设计为图形用户界面应用程序。

代码示例如下：

```
'''
例 8-9 参考代码
'''
from tkinter import *

win = Tk()
win.geometry('600x380+300+300')
win.title("社会主义核心价值观问答程序")

s = "富强、民主、文明、和谐、自由、平等、公正、法治、爱国、敬业、诚信、友善"
c_value = s.split(sep='、')         # 以顿号作为分隔符，将字符串转换为词列表
c_value = set(c_value)              # 进一步将词列表转换为集合以方便操作
answer = set()                      # 创建集合，目前是空集，用来保存已回答的内容
count = 0                           # 统计回答问题的次数，初始化为 0

def clickbt1():                     # 创建“确定”按钮的响应事件
    global count
    ans = txt1.get()
    if ans in c_value:              # 如果回答对了
        txt2.set("恭喜，回答正确！")
        answer.add(ans)             # 将答对的内容添加到 answer 集合中
        count += 1                  # 将回答问题的次数加 1
        text1.delete(0.0,END)
        text1.insert(0.0,str(answer))
    else:
        txt2.set("很遗憾，回答错误！")
        count +=1                   # 将回答问题的次数加 1
    if answer == c_value:           # 如果全部回答正确，退出问答程序
        txt2.set("恭喜你，全部回答正确！")
```

```
def clickbt2():                    # 创建“结束本次答题”按钮的响应事件
    global count
    txt3.set("本次答题情况如下：")
    text2.delete(0.0,END)
    text2.insert(INSERT,"你一共回答了{}次\n".format(count))
    text2.insert(INSERT,"答对了{}次\n".format(len(answer)))

def clickbt3():                    # 创建“重新开始答题”按钮的响应事件
    global count
    count = 0
    answer.clear()
    text1.delete(0.0,END)
    text2.delete(0.0,END)
    txt2.set("")
    txt3.set("")

# 创建需要的组件
txt1 = StringVar()               # 声明 StringVar()对象
txt2 = StringVar()               # 声明 StringVar()对象
txt3 = StringVar()               # 声明 StringVar()对象

lab1 = Label(win,text='社会主义核心价值观问答程序',
             font=('微软雅黑','24'),fg='red',height=2)
lab2 = Label(win,text='请输入核心价值观一项内容：',
             font=('微软雅黑','16'),heigh=2)
lab3 = Label(win,textvariable=txt2,width=20,fg='red',
             font=('微软雅黑','16'),relief='ridge')
lab4 = Label(win,text='你已经正确回答了以下内容：',
             font=('微软雅黑','16'),fg='blue')
lab5 = Label(win,textvariable=txt3,width=20,fg='blue',
             font=('微软雅黑','16'),relief='ridge')
entry = Entry(win,textvariable=txt1,width=10,font=('宋体','16'))
button1 = Button(win,text='确定',command=clickbt1,
                 font=('楷体','16','bold'))
button2 = Button(win,text='结束本次答题',command=clickbt2,
                 font=('楷体','16','bold'))
button3 = Button(win,text='重新开始答题',command=clickbt3,
                 font=('楷体','16','bold'))
text1 = Text(win,font=('宋体','16'),width=24,height=5)
text2 = Text(win,font=('宋体','16'),width=24,height=5)

# 将区域划分为 6 行 4 列的网格以进行布局
lab1.grid(row=0,column=0,columnspan=4)
lab2.grid(row=1,column=0,columnspan=2,sticky='w')
entry.grid(row=1,column=2)
button1.grid(row=1,column=3,sticky='e')
lab3.grid(row=2,column=0,columnspan=2,sticky='w')
button2.grid(row=2,column=2,columnspan=2,stick='e')
```

```
lab4.grid(row=3,column=0,columnspan=2,sticky='w')
lab5.grid(row=3,column=2,columnspan=2,sticky='e')
text1.grid(row=4,column=0,columnspan=2,sticky='w')
text2.grid(row=4,column=2,columnspan=2,sticky='e')
button3.grid(row=5,column=3,stick='e')
win.mainloop()
```

程序的运行结果如图 8-13 所示。

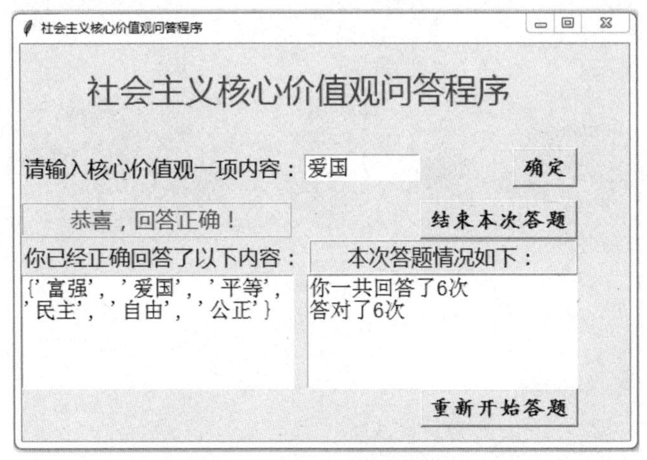

图 8-13　例 8-9 的运行结果

8.5　习　　题

1．将例 3-16 中的猜数字游戏升级为图形用户界面应用程序。
2．将例 5-5 中的“石头、剪刀、布”游戏升级为图形用户界面应用程序。
3．设计图形用户界面应用程序，模仿 QQ 登录，如图 8-14 所示。

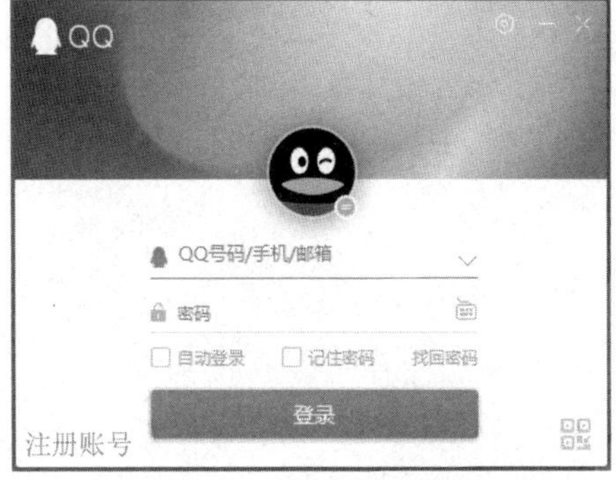

图 8-14　模仿 QQ 登录

参考文献

[1] 嵩天. 全国计算机等级考试二级教程——Python 语言程序设计(2019 年版)[M]. 北京：高等教育出版社，2018.

[2] 黄天羽，李芬芬. 高教版 Python 语言程序设计冲刺试卷(含线上题库)[M]. 2 版. 北京：高等教育出版社，2019.

[3] 袁方，肖胜刚，齐鸿志. Python 语言程序设计[M]. 北京：清华大学出版社，2019.

[4] Zelle. J. Python 程序设计[M]. 王海鹏，译. 3 版. 北京：人民邮电出版社，2018.

[5] Lutz. M. Python 学习手册[M]. 李军，刘红伟等，译. 4 版. 北京：机械工业出版社，2011.

[6] 唐永华，刘德山，李玲. Python 3 程序设计[M]. 北京：人民邮电出版社，2019.

[7] 虞歌. Python 程序设计基础[M]. 北京：中国铁道出版社，2018.

[8] 王凯，王志，李涛，等. Python 语言程序设计[M]. 北京：机械工业出版社，2019.

[9] 明日科技. Python 从入门到精通[M]. 北京：清华大学出版社，2019.

[10] 张思民. Python 程序设计案例教程[M]. 北京：清华大学出版社，2018.

[11] 娄岩. 二级 Python 编程指南[M]. 北京：清华大学出版社，2019.

[12] 焉德军，辛慧杰，王鹏. 计算机基础与 C 程序设计[M]. 3 版. 北京：清华大学出版社，2017.

[13] https://www.liaoxuefeng.com/wiki/1016959663602400.

[14] https://www.runoob.com/python3/python3-tutorial.html.

[15] http://c.biancheng.net/python/.

[16] https://blog.csdn.net/jinsefm/article/details/80645588.

[17] https://www.jianshu.com/p/01fc43b4462a.

[18] https://www.jianshu.com/p/91844c5bca78.

[19] https://baike.baidu.com.

附录

字符与ASCII码对照表

<table>
<tr><th>字符</th><th>ASCII 码</th><th>字符</th><th>ASCII 码</th><th>字符</th><th>ASCII 码</th><th>字符</th><th>ASCII 码</th></tr>
<tr><td>NUL</td><td>0</td><td>Space</td><td>32</td><td>@</td><td>64</td><td>`</td><td>96</td></tr>
<tr><td>SOH</td><td>1</td><td>!</td><td>33</td><td>A</td><td>65</td><td>a</td><td>97</td></tr>
<tr><td>STX</td><td>2</td><td>″</td><td>34</td><td>B</td><td>66</td><td>b</td><td>98</td></tr>
<tr><td>ETX</td><td>3</td><td>#</td><td>35</td><td>C</td><td>67</td><td>c</td><td>99</td></tr>
<tr><td>EOT</td><td>4</td><td>$</td><td>36</td><td>D</td><td>68</td><td>d</td><td>100</td></tr>
<tr><td>END</td><td>5</td><td>%</td><td>37</td><td>E</td><td>69</td><td>e</td><td>101</td></tr>
<tr><td>ACK</td><td>6</td><td>&</td><td>38</td><td>F</td><td>70</td><td>f</td><td>102</td></tr>
<tr><td>BEL</td><td>7</td><td>′</td><td>39</td><td>G</td><td>71</td><td>g</td><td>103</td></tr>
<tr><td>BS</td><td>8</td><td>(</td><td>40</td><td>H</td><td>72</td><td>h</td><td>104</td></tr>
<tr><td>HT</td><td>9</td><td>)</td><td>41</td><td>I</td><td>73</td><td>i</td><td>105</td></tr>
<tr><td>LF</td><td>10</td><td>*</td><td>42</td><td>J</td><td>74</td><td>j</td><td>106</td></tr>
<tr><td>VT</td><td>11</td><td>+</td><td>43</td><td>K</td><td>75</td><td>k</td><td>107</td></tr>
<tr><td>FF</td><td>12</td><td>,</td><td>44</td><td>L</td><td>76</td><td>l</td><td>108</td></tr>
<tr><td>CR</td><td>13</td><td>-</td><td>45</td><td>M</td><td>77</td><td>m</td><td>109</td></tr>
<tr><td>SO</td><td>14</td><td>.</td><td>46</td><td>N</td><td>78</td><td>n</td><td>110</td></tr>
<tr><td>SI</td><td>15</td><td>/</td><td>47</td><td>O</td><td>79</td><td>o</td><td>111</td></tr>
<tr><td>DLE</td><td>16</td><td>0</td><td>48</td><td>P</td><td>80</td><td>p</td><td>112</td></tr>
<tr><td>DC1</td><td>17</td><td>1</td><td>49</td><td>Q</td><td>81</td><td>q</td><td>113</td></tr>
<tr><td>DC2</td><td>18</td><td>2</td><td>50</td><td>R</td><td>82</td><td>r</td><td>114</td></tr>
<tr><td>DC3</td><td>19</td><td>3</td><td>51</td><td>S</td><td>83</td><td>s</td><td>115</td></tr>
<tr><td>DC4</td><td>20</td><td>4</td><td>52</td><td>T</td><td>84</td><td>t</td><td>116</td></tr>
<tr><td>NAK</td><td>21</td><td>5</td><td>53</td><td>U</td><td>85</td><td>u</td><td>117</td></tr>
<tr><td>SYN</td><td>22</td><td>6</td><td>54</td><td>V</td><td>86</td><td>v</td><td>118</td></tr>
<tr><td>ETB</td><td>23</td><td>7</td><td>55</td><td>W</td><td>87</td><td>w</td><td>119</td></tr>
<tr><td>CAN</td><td>24</td><td>8</td><td>56</td><td>X</td><td>88</td><td>x</td><td>120</td></tr>
<tr><td>EM</td><td>25</td><td>9</td><td>57</td><td>Y</td><td>89</td><td>y</td><td>121</td></tr>
<tr><td>SUB</td><td>26</td><td>:</td><td>58</td><td>Z</td><td>90</td><td>z</td><td>122</td></tr>
<tr><td>ESC</td><td>27</td><td>;</td><td>59</td><td>[</td><td>91</td><td>{</td><td>123</td></tr>
<tr><td>FS</td><td>28</td><td><</td><td>60</td><td>\</td><td>92</td><td>|</td><td>124</td></tr>
<tr><td>GS</td><td>29</td><td>=</td><td>61</td><td>]</td><td>93</td><td>}</td><td>125</td></tr>
<tr><td>RS</td><td>30</td><td>></td><td>62</td><td>^</td><td>94</td><td>~</td><td>126</td></tr>
<tr><td>US</td><td>31</td><td>?</td><td>63</td><td>_</td><td>95</td><td>del</td><td>127</td></tr>
</table>